QbD与药品研发

概念和实例

王兴旺 编著

全国百佳图书出版单位

图书在版编目（CIP）数据

QbD 与药品研发：概念和实例/王兴旺编著. —北京：知识产权出版社，2014.11
ISBN 978-7-5130-2835-6

Ⅰ. ①Q… Ⅱ. ①王… Ⅲ. ①药物－产品开发 Ⅳ. ①TQ46

中国版本图书馆CIP数据核字(2014)第152736号

内容提要

本书介绍了目前国际上正在应用的一种药品研发的全新方法——质量源于设计（QbD），主要涉及工艺设计与分析方法验证的QbD研发体系，QbD方法的重要工具，如过程分析技术（PAT）、风险评估、实验设计（DoE）、模型与模拟、先前知识与知识管理、质量体系等，并对其在药品研发中的具体应用以实例形式进行了叙述。本书具有科学性和创新性，也具有很强的实用性，是一部涉及国际上药品研发最新理论与最新技术的现代药品研发方法学著作，填补了我国药品研发领域的空白。本书可作为我国医药院校、科研院所相关专业本科生及研究生的教材，也可供制药企业、药品研发机构、药品审评监管部门及相关咨询机构从事药品研发和管理等人员参考。

责任编辑：张　珑

QbD与药品研发：概念和实例
QbD YU YAOPIN YANFA：GAINIAN HE SHILI

王兴旺　编著

出版发行：	知识产权出版社 有限责任公司	网　　址：	http：// www.ipph.cn
电　　话：	010－82004826		http：// www.Laichushu.com
社　　址：	北京市海淀区马甸南村1号	邮　　编：	100088
责编电话：	010－82000860转8540	责编邮箱：	riantjade@sina.com
发行电话：	010－82000860转8101/8029	发行传真：	010－82000893/82003279
印　　刷：	北京中献拓方科技发展有限公司	经　　销：	各大网上书店、新华书店及相关专业书店
开　　本：	720mm×1000mm　1/16	印　　张：	18
版　　次：	2014年11月第1版	印　　次：	2014年11月第1次印刷
字　　数：	256千字	定　　价：	65.80元

ISBN 978-7-5130-2835-6

出版权专有　侵权必究

如有印装质量问题，本社负责调换。

序 一

　　药学学科的任务是研究与开发可预防、诊断和治疗疾病的药物。我国药物应用的历史悠久。早在数千年前，古人通过尝试自然界的各种物质而发现药物可以说是药学发展的最初阶段。随着时间的推移，长期经验的积累升华为理论，逐渐形成了誉满全球的中医药学。从19世纪开始，药物研发进入到了一个新阶段，科学家从天然产物中分离出许多有效成分，并开发成为药物。进入20世纪后，利用人工合成的化合物及改造天然有效成分的分子结构等，药物学步入了迅猛发展的历史阶段，成功研制出许多新药。例如，我所在的中国科学院上海药物研究所就曾在20世纪中后期研究开发过延胡索乙素（颅通定）、加兰他敏、羟基喜树碱、高三尖杉酯碱、消卡芥和更生霉素等。它们至今还在临床上广为应用。

　　然而，从国内外药物研发的历史来看，过去几十年，寻找和评估药物的方法，基本上是凭经验、靠运气和盲目筛选；药物质量的决策侧重于遵守法规，研究尚不够系统深入和全面。靠这种传统方法虽然研发出了一大批药物，但它的不可预见性、盲目性及人力、物力、财力等方面的巨大浪费，加之成功率愈来愈低，药物的质量稳定性和有效性、安全性也难以得到保证，此等现状迫使人们必须寻找和发展更合适的方法。令人欣慰的是，进入21世纪以后，特别是最近几年，药物研究方法从美国开始，由传统方法向质量源于设计（QbD）方法的历史性转变已悄然发生。该方法强调对产品和工艺（或分析方法）的深刻理解，旨在通过初始设计（研发）确保最终质量，是药物研发领域最前沿和最领先的思想和方法，其深刻内涵以及在药物研发中的具体应用对制药行业的发展可以说具有里程碑式的意义。

王兴旺教授早年在中国科学院上海药物研究所获得博士学位，后在中国制药企业产学研结合的第一线从事药物研发和管理工作多年，实践经验丰富。最近，王兴旺教授结合自己多年的研发工作及对QbD基本理论的潜心研究，并参考国内外大量文献资料（尤其是美国FDA推荐的实例），精心编写了《QbD与药品研发：概念和实例》一书，向我国读者详细介绍国际上药物研发的最新理论和最新技术，填补了国内这方面的空白。

该书理论上有创新，实用性也较强，能充分吸取和借鉴国际上药学前沿的最先进理论与技术方法，使从事药物研发的人员从中受到启迪，促进我国药物研发事业的进一步发展，是一部生命科学领域基础理论与实际应用密切结合、系统介绍药物研发新理论与新技术的学术专著。为此，我十分乐意向广大读者推荐此书。

胥 彬
中国科学院新药专家委员会委员
国家药品审评委员会委员
2014年6月于上海

序 二

　　国际上，药品质量管理模式已经从生产与检验相结合的模式发展成为设计（研发）模式。以美国为代表的ICH成员国率先采用质量源于设计（QbD）方法进行药品研发和注册申请，从源头设计开始抓最终质量，强调过程控制和风险评估，注重建立控制策略和持续改进。这些理念和方法对于全面提升我国药品质量，真正实现药品的有效、安全和稳定，都有着十分重要的借鉴和引导作用。在当前国家食品药品监督管理总局全面推进药品标准提高行动和仿制药一致性评价，在国家新修订《中华人民共和国药品管理法》的大背景与大趋势下，王兴旺教授参考国内外大量文献，并结合自己多年的研发经验，精心编著了《QbD与药品研发：概念和实例》一书。此书为在我国宣传学习QbD提供了一部极好的辅导材料。这本书不仅填补了我国药品研发领域的空白，而且它所体现的理念与方法对于我国制药行业的发展也必将起到极大的推动作用，因而具有重要的现实意义和深远的历史意义。

　　为此，我十分乐意为王兴旺教授编著的《QbD与药品研发：概念和实例》一书写序。尽管采用QbD方法进行药品研发在我国的具体实施还尚待时日，但是一定要理念先行，这是大势所趋。期待着我国药品质量管理模式早日迈进QbD时代。

金少鸿

WHO国际药典及药品专家委员会委员

国家药品评价中心前主任

2014年6月于北京

前　言

质量源于设计（QbD），顾名思义，质量是设计出来的。其相关概念源于20世纪70年代日本Toyota（丰田）公司为提高汽车制造质量而提出，并经过在通信和航空等领域的发展而逐渐形成。在制药行业应用QbD，源于本世纪初。早在2002年，美国制药工业界对美国食品药品管理局（FDA）多有抱怨，认为美国FDA管得太严，使企业在生产过程中缺乏灵活变通空间。美国FDA反思后认为，工业界的抱怨也有一定道理，可以考虑给工业界一定的自主权，进行弹性监管。但弹性监管的前提是要让美国FDA了解所需要了解的东西，包括了解产品的质量属性，了解工艺对产品的影响，了解变异的来源，等等。作为制药界，更要对产品的质量属性有透彻的理解，对工艺进行详实的研究，对风险有科学的评估。更为重要的是，工业界要把这些信息与美国FDA共享，从科学的角度增加美国FDA的信心。于是，为了协调各方面的立场，在美国制药工业界与监管机构中，药品QbD模式应运而生。2004年9月，在美国FDA正式发布的"21世纪制药行业GMP：基于风险的方法"（*Pharmaceutical cGMPs for the 21st Century—A Risk-based Approach, Final Report*）指南中，首次提出基于风险的药品管理方法和药品QbD概念，并被人用药品注册技术要求国际协调会（ICH）纳入药品质量管理体系中。在ICH发布的质量系列指导原则：Q8（药品研发）、Q9（药品质量风险管理）、Q10（药品质量体系）和Q11（原料药研发和生产）中，明确提出：要想达到理想的药品质量控制状态，必须从研发、风险管理和质量体系这3个方面入手，即Q8~Q11的组合。其中，Q8首次明确指出：药品质量不是检验出来的，而是通过设计和生产所赋予的。这就将药品质量控制模式前移，以通过初始设计（研发）来确保最终质量。

就概念而言，药品 QbD 是一种始于预先设定的目标，强调基于合理的科学方法和风险评估来理解产品和生产过程的全面主动的可选择性系统化方法。根据 QbD 定义，从研发开始，就要考虑最终质量，在产品研发、工艺路线确定、工艺参数选择和物料控制等各个方面均要进行深入研究，积累详实的数据，在对物料属性、工艺参数以及它们与产品质量属性之间关系透彻理解的基础上，确定最佳的产品和生产工艺。

如前所述，美国 FDA 和 ICH 是药品 QbD 这一继 GMP 之后崭新理念最积极的倡导者和推动者，使制药工业界的药品质量观正积极地向 QbD 模式迈进。QbD 贯穿于产品整个生命周期，是对产品研发、技术转移、生产、质量管理、上市、监管和退市等进行的系统和规范化的管理。实施 QbD，强调通过设计提高质量，能实现生产企业、监管机构和患者的三方共赢：对于制药企业，可以减少监管压力和降低生产成本；对于监管机构，可以在不牺牲质量的前提下，减少监管压力；对于患者来说，可以获得有效和安全的药品，药品质量能有更好的保障。

所以说，尽管 QbD 是一种质量理念，一种技术概念，一种研发方法，本身属于技术层面，但实施 QbD，有助于全面提升药品质量，有助于全面提升药品研发水平，长远来看，也有助于全面提升我国制药行业在国际上的竞争力。从这一层面来看，QbD 是药品质量监管的新的风向标，绝对是值得我国制药工业界关注和重视的一个新理念。笔者认为，推动 QbD 的原动力还是来自于制药工业界。QbD 对我国制药企业的挑战，一是理念上的挑战，二是现有体系的整合。QbD 与现有的 GMP 等并不矛盾，而是不断加深，QbD 本来就是 GMP 的基本组成部分。在我国于 2010 年颁布的 GMP 中也已引入部分 QbD 思想。在我国制药工业界实施 QbD，已是大势所趋。对这一本世纪发展起来的绝对基础也是绝对重要的质量管理新理念，我国制药工业界必须认真学习，深刻领会，先形成共识，再转化为具体行动。

本书主要论述 QbD 在药品研发中的应用。首先介绍 QbD 的定义、分类及其在药品研发中的应用进展等基本概念和基本情况，接着以较大篇幅用大量实例详细描述 QbD 在工艺设计和分析方法验证等方面的具体应用。最后，本书还对过程分析技术（PAT）和风险评估这两个实施 QbD 的核心工具进行详细介绍和实例分享。

本书可供从事药品研发和管理的人员参考，包括各医药院校和科研机构从事药品研发的科研人员、硕士生、博士生、博士后，各制药企业和研发公司的研发人员，各级药品审评监管部门和相关咨询机构的人员等。尤其是，本书的出版，可以为各大专院校和科研机构的同学们（尤其是硕士生、博士生和博士后）走向制药工业界搭建一座桥梁，可以使他们从本书中学到国际一流的药品研发方法。如果读者能从本书中领悟到些许，直至在自己的实际工作中学会应用有关方法和工具，笔者将感到十分欣慰。

制药行业一直被认为是永不衰败的朝阳行业，对制药行业的人才需求是我国未来发展的大趋势。把 QbD 理念和方法引入我国并传递下去是所有真正从事药品研发的同行们的共同期盼。我国现已从推出通用技术文件（CTD）开始，迈入一个真正进行药品研发的年代。笔者深刻感受到我国制药行业与发达国家的巨大差距，在强烈的使命感和责任感的驱使下，怀着要为这个行业做点事和期望广大国人能真正用得上品质优良且价廉物美的药品（这也是所有业内同仁共同奋斗的目标）的想法，毅然决定将目前国际上正在推行的 QbD 方法编写成书，系统介绍给国内读者。回归专业，注重细节，避免浮躁，是笔者与全体研发人的共勉，也是笔者花费大量时间精心编著本书的初衷。

笔者很荣幸地请到了中国科学院上海药物研究所著名药物学家、我国肿瘤药理学奠基人之一的胥彬先生和中国食品药品检定研究院著名科学家、国际合作高级顾问金少鸿先生在百忙之中为本书作序，为本书增色不少，在此谨向两位德高望重的老前辈致以最崇高的敬意！

本书的出版还得到北京知识产权出版社的大力支持。此外，在写作过程中，笔者也参考了许多专家学者的专著和论文资料，特别是重点参考了美国 FDA 和日本厚生省（MHLW）等组织发布的许多 QbD 案例和培训材料等，书中未列出所有参考资料，笔者在此一并表示由衷的谢意！

由于总体上QbD在国际上还处于早期发展阶段，在国内仍处在学习培训阶段，可供查阅的文献资料不多，尤其本书对分析方法验证的QbD暂未能提供系统而又完整的实例，对QbD在生物技术产品/生物制品中的具体应用也未较多涉及（如美国FDA发布的疫苗实例和单克隆抗体实例），加上笔者学识有限，书中定有许多不足之处，恳请读者批评指正，以便再版时修改完善。

编　者
2014年6月 于太湖·灵山

目 录

第一章 QbD基本概念 ·· 1
第一节 定义 ··· 1
一、ICH Q8（R2）·· 2
二、ICH Q9 ·· 3
三、ICH Q10 ··· 4
四、ICH Q11 ··· 5
五、ICH Q8/Q9/Q10问答 ······································ 6
六、ICH Q8/Q9/Q10考虑重点（R2）····························· 7
七、ICH Q8~Q11之间的关系及QbD在其中的体现 ················· 7
八、小结 ··· 11
第二节 分类 ·· 11
一、工艺验证的QbD ·· 11
二、分析方法验证的QbD ······································ 29
三、小结 ··· 37
第三节 在药品研发中的应用 ································ 37
一、美国FDA推荐的速释片实例简介 ···························· 39
二、美国FDA推荐的缓释片实例简介 ···························· 40
三、在我国药品研发领域的应用展望 ···························· 42

第二章 基于QbD的工艺设计概论 ······························ 44
第一节 一般过程 ·· 44
一、确定QTPP ··· 44

二、确定产品CQA ……………………………………………………… 45
　　三、产品开发和理解 ……………………………………………………… 45
　　四、工艺开发和理解 ……………………………………………………… 48
　第二节　特别关注点 ……………………………………………………… 49
　第三节　小结 ……………………………………………………………… 55

第三章　基于QbD的工艺设计实例 …………………………………… 57
　第一节　确定QTPP和产品CQA ………………………………………… 60
　第二节　产品开发和理解 ………………………………………………… 62
　　一、处方前研究 …………………………………………………………… 62
　　二、处方开发和理解 ……………………………………………………… 76
　第三节　工艺开发和理解 ………………………………………………… 92
　　一、工艺变量初始风险评估 ……………………………………………… 93
　　二、预混工艺开发和理解 ………………………………………………… 97
　　三、干法制粒和整粒工艺开发和理解 ………………………………… 102
　　四、终混工艺开发和理解 ……………………………………………… 117
　　五、压片工艺开发和理解 ……………………………………………… 120
　　六、中试放大研究 ……………………………………………………… 129
　　七、人体生物等效正式试验 …………………………………………… 135
　　八、工艺变量风险评估更新 …………………………………………… 135
　第四节　建立控制策略 …………………………………………………… 137
　　一、物料属性控制策略 ………………………………………………… 140
　　二、预混工艺控制策略 ………………………………………………… 141
　　三、干法制粒和整粒工艺控制策略 …………………………………… 141
　　四、终混工艺控制策略 ………………………………………………… 141
　　五、压片工艺控制策略 ………………………………………………… 142

第四章　基于QbD的分析方法验证 ………………………………… 143
　第一节　基于QbD的方法设计 ………………………………………… 143
　　一、确定ATP和方法关键性能特性 …………………………………… 143

二、方法开发和理解 ·· 146
　第二节　基于QbD的方法确认和持续方法确证 ·············· 155
　第三节　基于QbD的方法转移 ······································ 157

第五章　基于QbD的药品研发与PAT ·························· 160
　第一节　概述 ·· 160
　第二节　PAT应用过程 ·· 162
　　一、数据采集 ··· 162
　　二、数据分析和模型形成 ·· 163
　　三、过程实时监控 ··· 164
　第三节　PAT在QbD及药品研发中的作用 ······················ 164
　第四节　小结 ·· 166

第六章　基于QbD的药品研发与风险评估 ···················· 167
　第一节　概述 ·· 167
　第二节　风险评估工具 ·· 170
　第三节　应用实例 ·· 172
　　一、制剂研发中的应用实例 ······································· 172
　　二、原料药研发中的应用实例 ···································· 178
　　三、分析方法验证中的应用实例 ································· 179
　第四节　小结 ·· 183

主要参考文献 ·· 185

附录1 ·· 188
　附录1.1　美国FDA发布的速释片实例英文原文（摘要部分） ······ 188
　附录1.2　美国FDA发布的缓释片实例英文原文（摘要部分） ······ 190
　附录1.3　美国FDA发布的QbD系列课程目录 ······················ 193
　附录1.4　ICH Q8——药品研发（节选） ····························· 194
　附录1.5　ICH Q11——原料药研发和生产（节选） ················ 197
　附录1.6　美国FDA发布的行业指南——工艺验证：一般原则和
　　　　　　方法（工艺设计部分） ······································ 212

附录1.7　ICH Q10——药品质量体系（节选） ……………………………217

附录1.8　体内外相关性：基础知识、模型建立时的考虑因素及
　　　　　应用（节选） ……………………………………………………220

附录1.9　分析方法的QbD——方法验证和转移的可能影响
　　　　　（节选） …………………………………………………………222

附录1.10　美国FDA发布的行业指南：创新的药物研发、生产和
　　　　　质量保证框架体系——PAT ……………………………………225

附录1.11　ICH Q9——药品质量风险管理（节选） ……………………261

附录2　缩略语表 ……………………………………………………………266

后　　记 ………………………………………………………………………269

第一章 QbD基本概念

第一节 定义

当人们已经普遍接受药品质量是生产出来的而不是检验出来这一质量理念之后,国际上近年来已开始推行QbD,即如图1.1所示的药品质量控制模式变迁。从图1.1中可以看出,质量源于检验(QbT)专注于对产品质量仅进行终点(成品)检测,滞后且属于单点控制,经常失败且成本高。将控制重心前移至生产阶段,即为质量源于生产(QbP)。该模式强调过程控制,为事中、同步和多点控制,又增加书面记录系统,对产品质量有一定保障。将控制重心再前移至设计(研发)阶段,即为质量源于设计(QbD)。该模式为事前控制,产品的质量、有效性和安全性由设计(研发)所赋予或融入到产品和工艺中,当属最先进和最有效的质控模式。

所谓药品QbD,按照ICH Q8(R2)的定义就是:在充分的科学知识和风险评估基础之上,始于预先设定的目标,并强调对产品与工艺的理解及过程控制的一种系统化方法。实施QbD的理想状态是:不需要药政部门过多的监管,能持续可靠且高效灵活地生产出高质量的产品。本书将按此定义进行的药品研发和生产等活动统称为QbD方法,以与传统方法相区别。

图1.1 药品质量控制模式变迁

药品QbD的基本内容是：以预先设定的目标产品质量概况（QTPP）作为研发的起点，在确定产品关键质量属性（CQA）基础上，基于风险评估和实验研究，确定关键物料属性（CMA）和关键工艺参数（CPP），进而建立能满足产品性能且工艺稳健的控制策略，并实施产品和工艺的生命周期管理（包括持续改进）。

QbD将风险评估、过程分析技术（PAT）、实验设计（DoE）、模型与模拟、先前知识与知识管理、文件、技术转移、质量体系等重要工具综合应用于药品研发和生产等，其目的不是消除变异，而是建立可以在一定范围内调节变异来保证产品质量稳定的生产工艺。

从以上叙述中可以看出，目前正在国际上实施的QbD方法，主要针对的是工艺验证，但其概念和方法同样适用于分析方法验证等。

QbD方法的具体应用集中体现在ICH质量系列指导原则Q8~Q11中。因此，本书将这4个指导原则合称为QbD系列指导原则。下面就ICH Q8~Q11以及它们之间的关系做一简要的介绍，以使读者更清晰地理解ICH Q8~Q11指导原则与QbD之间的关系以及QbD定义的精髓。

一、ICH Q8（R2）

ICH Q8（R2）：药品研发[1]。该指导原则最早于2005年出台；后于2008年进行过补充，形成Q8（R1）；2009年，ICH又将Q8和Q8（R1）合并为Q8（R2）。

现行的Q8（R2）共分两大部分：第1部分为药品研发，第2部分为附加文本。

第1部分为本指导原则的主要部分，又分为简介、药品研发和术语3小部分。核心内容为药品研发，包括制剂组分（原料药和辅料），制剂（处方研发、过量、理化与生物学特性），工艺研发，容器密闭系统，微生物学特性和相容性等。

在第2部分"附加文本"中，提出了药品研发的6大要素：①确定QTPP；②确定产品CQA；③联系物料属性、工艺参数与产品CQA的风险评估；④设计空间；⑤控制策略；⑥产品生命周期管理和持续改进。

此外，本指导原则还有两个附件。附件1为药品研发的不同方案；附件2为示例。示例包括风险评估工具的应用、交互作用描述和设计空间的呈现。其中，设计空间的呈现包括3个示例。这3个示例是：用响应面图和等高线图呈现溶出度的响应；根据能同时满足多个产品CQA的可操作范围的共同区域确定的设计空间；干燥步骤的设计空间依赖于随时间变化的温度和（或）压力的路径。

总之，本指导原则首次提出QbD概念，期望采用QbD方法寻求一种预期的状态，即通过有效的产品和工艺开发与理解来达到并保证产品质量和性能，产品标准基于对产品和工艺如何影响产品性能的理解，如何影响持续改进和持续实时确保产品质量的能力。

二、ICH Q9

ICH Q9：药品质量风险管理[2]。本指导原则全文共分绪论、范围、药品质量风险管理的原则、药品质量风险管理的基本程序、风险管理方法学、将药品质量风险管理融入工业界和监管机构的活动中以及定义等章节，并有风险管理方法和工具以及药品质量风险管理的可能应用两个附录部分。

本指导原则指出：药品质量风险管理就是在药品的整个生命周期内对质量风险进行评估、控制、沟通和审核的系统化程序。本指导原则提出了药品质量风险管理的两大基本原则，即①药品质量风险的评估应以科学知识为基础，并最终与保护患者相联系；②药品质量风险管理流程的投入水平、正式程度及文件化程度应与风险水平相对应。本指导原则还特别设计了药品质量风险管理的基本程序，用于协调、推动和改进与药品质量风险有关的基于科学知识的决策。在"风险管理方法学"一章中，支持采用基于科学知识和实用的方法进行决策，指出药品质量风险管理的严格和正式程度应该与所处理问题的复杂性和危害程度以及现有的相关知识相一致。附录1提供了风险管理的主要工具，如失效模式影响分析（FMEA）和危害分析关键控制点（HACCP）等，并指出：没有一种适合于所有情况的工具；特定的具体风险不一定必须采用相同的工具来处理；使用某种工具时，调查应深入细致到何种程度应视具体风险情况而定。附录2试图明确企业和监管机构对药品质量风险管理原则和工具的可能应用。然而，某一风险管理工具的选择完全取决于特定的情况和环境，这些例子只是作为解释和说明用，仅建议药品质量风险管理的可能应用。

总之，本指导原则是一种药品质量改进方法学，是一部简单、灵活和非强制性的指南，它支持基于科学知识的决策。

三、ICH Q10

ICH Q10：药品质量体系[1]。本指导原则全文共分5章。第1章为药品质量体系，第2章为管理职责，第3章为工艺性能和产品质量的持续改进，第4章为药品质量体系的持续改进，第5章为术语。另外，本指导原则还有两个附件：附件1为增加基于科学和风险的监管方法的潜在机遇，附件2为药品质量体系模型示意图。

本指导原则的核心内容是药品质量体系的4个要素：工艺性能和产品质量的监测系统、纠正和预防措施（CAPA）系统、变更管理系统及工艺性能和产品质量的管理审核系统。本指导原则还提出药品质量体系的两个推进器：知识管理和药品质量风险管理。这两个推进器可用于产品生命周期的所有阶段，来支持药品质量体系完成预期产品实现、建立和维持工艺处于受控状态以及推动持续改进这三大目标。

本指导原则的主要特点是：①对现有GMP进行补充。本指导原则通过详细表述药品质量体系的内容和管理职责来完善GMP，目的是要建立一个能持续改进和提高的标准化质量体系模式。②范例转换，从分散孤立的符合GMP到综合质量管理体系方法。③通过产品和工艺理解与风险管理促进持续改进。

总之，仔细研读本指导原则，不难发现，为了可靠地达到质量目标，必须有一个综合设计并正确实施的药品质量体系，用其来整合药品研发、生产（GMP）、质量控制和质量风险管理。

四、ICH Q11

ICH Q11：原料药研发和生产[3]。本指导原则描述原料药研发与生产，并对Q7、Q8、Q9和Q10中提到的有关原料药研发和生产的原则与概念进行进一步阐述。

本指导原则全文共分11章，第1~9章阐述对原料药研发、生产和注册的要求，第10章为实例，第11章是对一些术语的解释。

在第1章的概述中，明确了各制药企业可根据实际情况采用传统方法或QbD方法，也可以2种方法结合。第2章主要规定了本指导原则所适用的范围。第3章是核心部分，指出原料药研发的目的是要建立一个能够始终如一地生产出预期质量产品的商业化生产工艺，主要工具是风险管理和知识管理。研发方法有传统方法和QbD方法。传统方法需要确定工艺参数的可操作范围及设定点，通过证明工艺的可重复性以及检测产品符合已建立的标准来控制产品质量。QbD方法则是采用风险管理以及更广泛的科学知识，深入理解对原料药CQA有影响的物料属性和工艺参数，以建立整个原料药生命周期中都可应用的控制策略（其中可能包括建立设计空间）。在原料药研发中，应考虑原料药在制剂产品中的用途以及其对制剂研发的潜在影响，原料药的质量会直接影响制剂的研发和质量。在本章中，明确了原料药研发应包含的5个要素，即①识别原料药CQA；②选择合适的生产工艺；④识别可能影响原料药CQA的物料属性和工艺参数；③确定物料属性和工艺参数与原料药CQA之间的关系；⑤建立合适的控制策略。在该章中还提出了对生产工艺信息提交的要求。第4章对生产工艺的描述和过程控制作出了规定。在生产工艺的描述中要求将规模因素和设计空间包括在工艺步骤中。第5章讨论了起始物料和源物料的选择。第6章阐述的是控制策略。对原料药的控制策略主要包括：对物料属性的控制、对工艺路线选择的控制、对工艺过程的控制及对成品质量的控制。这些控制策略应该在申报资料中体现出来。第7章阐述了对工艺验证与评价的要求。第8

章主要阐述了工艺研发及相关信息按CTD格式提交的要求。CTD文件中应包括质量风险管理、原料药CQA、设计空间和控制策略等内容。第9章是关于产品生命周期管理的描述，阐述质量体系要素及其管理职责，鼓励在生命周期的每一个阶段使用基于科学和风险的方法，从而提升贯穿整个产品生命周期的持续改进。应当管理从产品研发直至产品终止的整个生命周期中的产品和工艺理解。第10章列举了5个实例，对本指导原则的理解提供帮助。这5个实例是：①物料属性和工艺参数与原料药CQA之间的关联；②用质量风险管理的方法支持工艺参数的生命周期管理；③生物技术产品单元操作的设计空间介绍；④适当的起始物料选择；⑤控制策略总结示例。

总之，本指导原则为原料药的研发和生产提供了方法和要求，对提交注册文件也提出了明确要求。

五、ICH Q8/Q9/Q10问答

ICH Q8/Q9/Q10问答[1]，共分为6个部分，针对QbD、药品质量体系、影响GMP检查实施的新ICH质量指导原则、知识管理和软件解决方案这5个方面的问题进行系统解答。其中QbD方面的问答与研发的关系最为密切，涉及设计空间、实时放行检验和控制策略共17个问题的解答。本指导原则指出：QbD并非一定要建立设计空间或使用实时放行检验。建立设计空间也没有必要研究所有参数的多变量交互作用，申请者可根据风险评估和所需要的操作灵活性，分析和判断所选择的物料属性和工艺参数，用于多变量实验。设计空间经合理分析后可被放大。设计空间适用于场地变更，可针对一个单元操作，也可针对一系列单元操作。控制策略与研发方法无关，但在QbD条件下，控制策略来源于对系统科学知识的应用和基于风险的方法。检验、监测或控制通常会前移到工艺过程中，并且执行在线检测。设计空间一经建立，并被批准，就需要由控制策略提供一种机制，确保生产工艺保持在设计空间所限定的范围内，因而设计空间与控制策略之间有着密不可分的联系。这些内容对于工艺设计很有帮助。

六、ICH Q8/Q9/Q10考虑重点（R2）

本指导原则[4]最早于2011年6月出台，后于同年11月进行过补充，形成R1，并在同年12月将两者合并为R2。

本指导原则共分为7个部分，主要涉及QbD质量模块的作用（包括质量属性和工艺参数的关键性、控制策略、按QbD方法提交注册文件的要求和在QbD方法中数学模型的作用）、设计空间以及工艺验证与持续工艺确证这3大主题，目的是为制药企业和监管机构提供清晰的要求，并促进药品注册申请提交的准备、评估和检查。

在第5部分介绍QbD方法中模型的作用时，本指导原则特别指出：数学模型可以来自于能反映物理法则的第一原则（如质量守恒、能量守恒和热传递关系等），也可以来自实验数据或两者的结合。前者称为机理模型（mechanistic model），后者称为经验模型（empirical model）。但在产品生命周期中，不管采用哪种模型，都要进行模型验证（包括持续确证），以确认模型的有效性。

在第7部分述及持续工艺确证时，本指导原则特别指出：在GMP条件下的持续工艺确证作为工艺验证的一部分，其主要内容包括工艺性能的持续监测和评价（包括工艺变更的评价）。而在线（线内、线上和近线）监测或控制是评价工艺性能的有效方法。前馈或反馈环路监测和用于实时放行检验的过程测量与控制系统在持续工艺确证中也起着重要作用。

七、ICH Q8~Q11之间的关系及QbD在其中的体现

ICH Q8~Q11 QbD系列指导原则所提供的全新质量范例创立了一个和谐完整的药品质量体系。该体系强调风险管理与科学知识一体化，并贯穿于整个产品和工艺生命周期，以实现持续改进。

具体地说，一方面，研发和生产中所获得的信息（ICH Q8、Q10、Q11和GMP）是风险评估（ICH Q9）的基础，必须用风险管理工具来评估和控制蕴含着潜在风险的物料属性和工艺参数，从而建立并实施合适的控制策

略；另一方面，药品质量体系（ICH Q10）又贯穿于从产品研发到终止的整个生命周期中，整体上控制研发（ICH Q8、Q11），生产（GMP）和风险管理（ICH Q9）的有效实施。ICH Q8~Q11 QbD系列指导原则之间的关系及QbD在其中的体现可用图1.2表示。

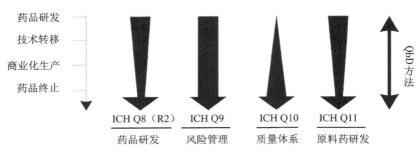

图1.2 ICH Q8～Q11之间的关系及QbD在其中的体现

以某一片剂仿制中的工艺验证为例，依据ICH Q8~Q10 QbD系列指导原则所要开展的QbD相关活动如表1.1所示。

表1.1 ICH Q8~Q10之间的关系及QbD在其中的具体体现
（以仿制某一速释片工艺验证活动为例）

主要活动	与ICH Q8相关活动	与ICH Q9相关活动	与ICH Q10相关活动
确定QTPP和制剂CQA	制剂临床和非临床信息：生物利用度、药动学/药效学（PK/PD）、安全性等已上市对照药信息：质量标准等	对临床可及性需求和可能的医疗风险进行正式和（或）非正式的风险评估	（1）先前知识（支持理解的相关信息） （2）实验室处方研发方案和记录 （3）人体生物等效预试验方案和报告 （4）风险管理文件和记录 （5）其他
产品开发和理解			
处方前研究	（1）原料药的理化性质和化学稳定性 （2）辅料和包材特性 （3）潜在的处方相互作用	确定影响物料理化稳定性的失效模式和风险因素	
处方筛选	（1）原辅料相容性研究 （2）筛选DoE	确定影响原辅料相容性的失效模式和风险因素	

续表

主要活动	与ICH Q8相关活动	与ICH Q9相关活动	与ICH Q10相关活动
处方优化和确定	（1）辅料用量DoE （2）物料属性确定 （3）处方稳定性和储存条件 （4）体内外相互关系（IVIVR）	正式的风险评估机会	
工艺开发和理解			
工艺筛选	（1）选择工艺路线 （2）选择单元操作 （3）了解中间体属性	确定影响单元操作的失效模式和风险因素与风险排序	（1）工艺筛选和优化实验记录（包括批生产记录、设计空间开发记录、风险管理文件和记录等） （2）供应商审计报告 （3）PAT开发方案和报告 （4）人体生物等效正式试验方案和报告 （5）CTD申请文件（工艺设计部分） （6）质量体系4个要素[1]开始应用 （7）其他
工艺优化（实验室规模）	（1）工艺参数及其与物料属性相互作用DoE （2）开发设计空间（小试） （3）规模非依赖性工艺参数可操作范围确定 （4）关键工艺步骤的理解	（1）用鱼骨图确定影响产品质量的物料属性和工艺参数 （2）采用FMEA和实验研究，确定CMA和CPP （3）处理潜在的规模问题	
工艺优化（中试规模）	（1）中试放大，以确认实验室结果 （2）中试DoE和模型设计，以研究规模效应 （3）开发设计空间（中试）和PAT	开发控制策略，以控制包括工艺放大在内的风险	
技术转移	（1）获得产品和工艺知识 （2）知识支持在转移方和接受方之间进行转移，并最终成功完成	（1）在技术转移中，不断提高控制策略的有效性 （2）构成商业化生产工艺的基础 （3）促进持续工艺确证包括持续改进	（1）知识管理（如技术转移方案和报告） （2）在转移活动中获得知识，促进工艺理解，以提升控制策略基础 （3）质量体系4个要素[1]的应用

续表

主要活动	与ICH Q8相关活动	与ICH Q9相关活动	与ICH Q10相关活动
商业化生产工艺确认	（1）商业化规模批生产，以确认工艺设计能重复进行商业化生产 （2）实施PAT （3）确定商业化生产工艺	（1）建立商业化生产控制策略 （2）检查质量体系中与工艺风险相关的程序	（1）厂房设施设备确认 （2）工艺性能确认方案和报告 （3）工艺设计和风险评估文件 （4）支持PAT的文件和记录 （5）工艺规程、SOP和批记录 （6）质量体系4个要素[1]的应用
持续工艺确证包括持续改进	（1）对工艺数据持续分析并判断趋势（如多变量统计过程控制） （2）评价工艺变更及其对中间体和终产品的影响	（1）在持续改进中实施商业化生产控制策略 （2）管理工艺参数或物料属性变更的风险 （3）在稽查和检查中审核风险，并提出CAPA措施	（1）过程监控操作规程 （2）质量体系4个要素[1]正式应用 （3）知识管理维护和更新 （4）设施设备维护 （5）其他

注：本表未包括仿制某一片剂所需开展的分析方法验证、质量研究和质量标准制定等内容。

总之，ICH Q8~Q11 QbD系列指导原则是一个密切相关和不可分割的整体。这4大指导原则有机地组合在一起，构成旨在全面提升产品质量和有效降低各类风险的ICH完整的药品质量观（图1.3）。

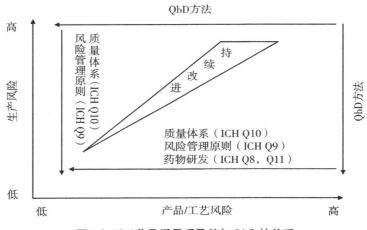

图1.3 ICH药品质量观及其与QbD的关系

八、小结

如上所述，QbD方法是一种科学知识和风险评估有机结合的全新模式，其深刻内涵和精髓具体体现在ICH Q8~Q11 QbD系列指导原则中。其中，生命周期哲学是基本原则。因此，QbD方法又被称为生命周期方法。对于药品研发领域来说，就是要用ICH Q8~Q11指导原则所阐明的QbD基本概念与方法构建药品研发系统的质量保证（QA）体系。ICH Q8~Q11指导原则的发布与实施，加深了人们对QbD内涵的理解，也极大地推动了QbD方法在药品研发中的创新性应用。

QbD概念和方法不仅可以用于工艺研发和生产，还能广泛应用于分析方法验证与质量研究、注册审评、产品质量控制以及产品上市监管等。从这个意义上来说，ICH Q8(R2)所述的药品QbD定义和基本内容尚需扩展或延伸。

第二节 分类

QbD在制药行业中的应用目前主要涉及工艺验证和分析方法验证这两个方面，故暂将QbD分为工艺验证的QbD和分析方法验证的QbD两大类。尽管两者涉及的具体内容不同，但均是科学的和基于风险的生命周期方法。按照生命周期管理，上述2种QbD均可分为3个阶段，即设计阶段（第1阶段）、确认阶段（第2阶段）和持续确证阶段（第3阶段）。这3个阶段的概念和具体实施有时会相互重叠或交叉，但它们整合在一起，共同确保了药品质量的稳定与可控（图1.4）。

一、工艺验证的QbD

采用QbD方法进行工艺验证，指的是从工艺设计阶段到商业化生产的整个过程中，对数据进行采集和评价，建立能使工艺始终如一地生产出优质产品的科学依据。

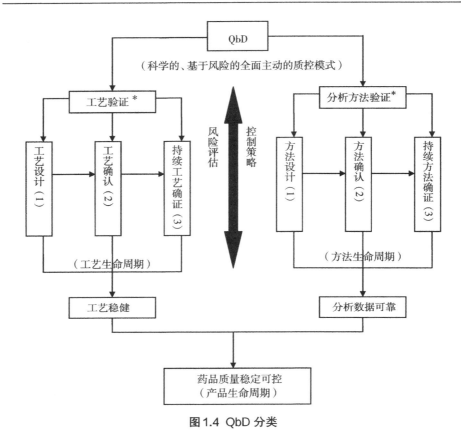

图 1.4 QbD 分类

*验证分为3个阶段:(1)表示第1阶段;(2)表示第2阶段;(3)表示第3阶段。

其总体目标是:基于科学知识和风险评估相结合的理念,从产品质量与临床表现之间的关系入手,建立优化的产品和工艺,提供优质可信的产品质量。具体地说,采用QbD方法进行工艺验证的主要目标有以下4个方面:①制定合理且符合临床表现的产品标准。近年来,在实现这一目标方面已取得重大进展。例如,溶解性差的BCS II类药品溶出度方法和限度的设定不是依据实际生产的产品数据,而是基于其临床效果。再如,仿制药的杂质限度,通常依据临床用药的安全性要求或毒性阈值确定,而不是依据规模产品的批检验数据来设置。②减少产品缺陷、不合格或召回。对产品及工艺的全面理解,有助于识别那些对物料、生产和储运等有影响的因素。监管部门批准后，还应持续改进，以降低因产品变异造成的产品缺陷、不合格或召回。③提高产品的研发效率，减少监管部门要求的重复实验，缩短监管部门的审评与审批时间。④减少产品批准后的变更。通过对产品和工艺的理解，建立良好的控制策略，能提高药厂对工艺的控制能力，这就能减少产品批准后的变更。

采用QbD方法进行工艺验证，如图1.4所示，按生命周期管理，通常包括工艺设计、工艺确认和持续工艺确证这3个阶段。也就是说，先要从患者角度来确定QTPP和产品CQA；再采用DoE等，建立各种变量与产品CQA之间的关系，以保证产品的质量属性能满足患者需求；最后，建立并实施控制策略，确保在整个工艺生命周期中能始终如一地生产出高品质的产品（图1.5）。

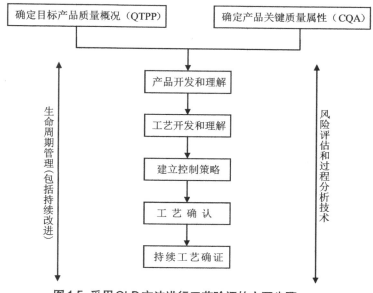

图1.5 采用QbD方法进行工艺验证的主要步骤

（一）工艺设计（第1阶段）

工艺设计阶段的主要目标是：基于从开发和优化活动中捕获到的知识

和经验，确定产品和商业化生产工艺，并建立控制策略。此阶段的大致过程是：首先，确定QTPP和产品CQA，选择物料，并定义生产工艺；接着，对捕获的产品与工艺知识进行各种理解活动，如处方优化或工艺特性研究等。最后，建立相应的控制策略。因此，这一阶段是药品研发的重点，也是本书叙述的重点。本书将另辟专章阐述工艺设计的一般内容，并通过实例详细介绍工艺设计过程。

在工艺验证尤其是工艺设计过程中，经常采用实验设计（DoE）。所谓DoE，指的是一种科学安排实验和分析实验数据的数理统计方法，是一种结构化和组织化确定变量之间关系的方法。20世纪20年代费雪（Ronald Fisher）在农业实验中首次提出此概念，后经质量工程学创始人田口玄一（Taguchi Genichi）等不断发展。当因子数较多，且未确定众因子相对于响应变量的显著性时，常采用此法。主要通过对每个因子不同水平进行分析和实验，比较各因子水平的差异，确定显著影响的因子。所以，此法能量化变量的作用，了解变量之间的相互联系，并确定显著变量。此法能以较小的实验规模（实验次数）、较短的实验周期和较低的实验成本获得较为理想的实验结果和科学结论。所以，此法用于药品研发领域，能提高研发效率，增加数据分析的准确性，并能使结论验证可行，已成为药学评价由经验方法向科学方法转变的重要标志。

单变量一次一因子（one factor at a time，OFAT）进行研究设计是可以接受的。此法固定所有其他因子不变，只变动其中一个处理因子，来寻找最佳的设置（水平）。然后，再固定最佳的水平，对其他因子重复此类实验。此法可用于比较因子的几个不同设置（水平）之间是否有显著差异；如果有显著差异，哪个或哪些设置（水平）较好；还可以用于建立响应变量与自变量之间的关系。此法为目前国内常用的传统模式，便于操作与分析，而且逻辑性较强。但此法不能完全反映真实情况，实验与分析的过程较慢，因而效率较低，也会丢失潜在的交互作用信息。

如上所述，由于通常不知道因子之间是否存在潜在的交互作用，现实条件下变异的存在也有可能导致数据统计结论的误导，所以，国际上经常采用多变量法。本书介绍的QbD方法中涉及的DoE通常指的就是多变量DoE（multivariate DoE）。多变量法一般安排两种或两种以上的处理因子。

该法主要包括全析因设计、部分析因设计和响应面设计等。所谓全析因设计，是将两种或两种以上因子的各水平进行组合，并对各种可能的组合都进行研究。该法的优点是不仅能检验每个因子各水平间的差异，还能检验各因子间的交互作用，但其缺点是所需实验次数较多。故当因子数不多，且需考察较多交互作用时，常选用该法。部分析因设计，是在因子数较多时，只分析各因子的主效应和低阶交互作用是否显著，而不考虑高阶交互作用。该法的优点是能减少实验次数，快速经济，但其缺点是会丢失一部分交互作用信息。响应面设计，又称响应面法（response surface methodology，RSM），主要包括中心复合设计（central composite design，CCD）等，通常用于优化研究，以确定过程或系统的最优运行条件或用于确定因子空间中满足运行要求的区域。此法的优点是可以评价因子的非线性影响（即曲率效应），但其缺点是所需实验次数较多，故通常用于实验后期对变量进行优化。

DoE的主要步骤包括：①问题的识别与表述；②响应变量的选择；③因子、水平和范围的选择；④DoE方法的选择；⑤进行实验；⑥数据采集和统计分析，如采用ANOVA；⑦结论和建议。其中，第①步到第④步为实验前计划。在实践中，第②步和第③步通常同时进行或以相反次序进行。对于其中关键数学步骤，基于计算机的适当工具（市售软件，如JMP、Minitab、Design Expert等）都能完成。在具体方法选择上，强调简单（越简单越好）、直接和有效。

在具体应用DoE时，通常采用序贯策略。首先，筛选DoE（screening DoE）可将一系列影响因子缩减为几个主要因子；然后，优化DoE（optimization DoE）可用来优化这些因子，确定因子的最佳条件；最后，确证DoE（verification DoE）能通过在一定范围内变化（变化的范围应涵盖在日常生产中可能遇到的范围）所确定的关键变量的数值，来研究工艺稳健性。举例来说，在美国FDA推荐的缓释片实例[5]中，对缓释微丸包衣工艺的开发与理解采用的就是DoE序贯策略：先在实验室小试规模应用筛选DoE（为2^{4-1}部分析因设计，批量4kg，共进行11次实验）评价工艺参数对药物释放的影响，并从诸多工艺参数中确定CPP；然后还是在实验室小试规模，应用优化DoE（为中心复合设计，批量4kg，共进行15次实验）优化CPP范围；最后在中试规模，应用确证DoE（为2^{3-1}部分析因设计，批量40kg，共进行5次实验）确证实验室小试规模获得的知识，并最终确定缓释微丸包衣工艺在中试规模的设计空间。读者可通过进一步阅读该实例，以加深对DoE序贯策略的理解。

随机化、区组化和重复性是应用DoE的3个基本原则。通过使实验适当随机化，可以使可能存在的不可控因子的影响减小。区组化是将彼此类似的实验单元划分为一个区组，以降低已知但不相关的组间变异的来源，因而在估计研究中变异来源时有更高的精密度。重复性可以用于纯实验误差的估计，以确定观察到的数据差异是否真正存在统计学差异。

值得一提的是，DoE是工艺验证（尤其是工艺设计）的常用工具，正如ICH Q8所定义的：DoE是一种确定工艺影响因素与工艺输出之间相互关系的、系统的、有序的方法。同时，DoE在分析方法验证、质量研究、风险评估和过程分析等方面也有广泛应用。关于DoE的知识，读者可进一步阅读统计学方面的书籍[6, 7]。

请注意：对所有变量通过DoE进行研究与分析并不可行。因此，通常根据可行性研究和先前知识，只对在风险评估中列入高风险的变量采用DoE进行评价，而对列为低至中度风险的变量可设为常量。

（二）工艺确认（第2阶段）

工艺确认，指的是采集并评价来自于工艺设计阶段的数据，建立科学依据表明该工艺可持续生产出符合预期质量要求的产品。

此阶段的主要目标是：对已经设计好的工艺进行评价，证明这个工艺能进行重复性商业化生产。其主要工作包括厂房设施设备确认和工艺性能确认这两个方面。首先，要对相关厂房、公用系统和设备等进行确认，以证明其符合工艺要求。其次，应在小试和中试实验等的基础上，基于风险管理的方式，建立相应的工艺规程、标准操作规程（SOP）和批生产记录样稿等，并使相关人员都经过相应的培训。接着，要起草、审查和批准工艺性能确认方案。方案中应包括目的、范围、职责、参考法规和指南、产品和工艺描述、取样计划和评估标准、设计空间、工艺性能确认执行、工艺性能确认总结以及偏差报告等。完成上述一系列准备工作后,即可在GMP条件下进行商业规模的批生产,以证明商业化生产工艺能达到预期表现(即具备工艺稳健性)。工艺性能确认完成后,要形成工艺性能确认报告,对整个确认过程进行评价,并提出建议。

对工艺性能确认的具体工作,应注意以下6点:①主要是对工艺设计阶段已建立的CMA和CPP等进行确认。②对于药物制剂的工艺性能确认,通常可选择不同批次的原料药和辅料。③只是在工艺设定点对批内和批间一致性进行确认,而工艺的最大或最小条件的确定应在工艺设计阶段完成。④通常认为,工艺性能确认就是至少连续3批成功的商业化生产,但这并不是法规要求。批次数量基于风险评估,取决于但不限于:所确认工艺的复杂性、工艺变异程度以及可获得的针对特定工艺的实验数据和(或)工艺知识。⑤工艺性能确认的批量应能够保证统计学置信区间的需要。在确认过程中,应尽可能对关键工艺步骤进行多点高频率取样,以获得足够多的信息支持工艺性能确认的结论。⑥对于无菌药品(即法定药品标准中列入无菌检查项的原料药和制剂,如注射剂、无菌原料药和滴眼剂等),无菌或灭菌工艺性能确认的要求要更加严格。为保证无菌药品的无菌保证水平符合要求,应根据风险高低和风险发生的可能性大小等有针对性地确认无菌或灭菌工艺的可靠性,确认的内容、范围和批次等取决于产品和工艺的复杂性以及生产企业对类似产品和工艺的经验多少等因素。

与工艺相关的技术转移可以看成是从研发到生产的工艺确认,故技术转移与工艺确认可以分开进行,也可以合并进行。技术转移的过程对于接受方来说,是一个从无到有的过程。因此,通常需要多个部门共同协作。一般来说,应重点控制以下4个方面。①转移前工作:工艺设计数据通常由转移方准备,并提交给接受方;技术转移筹备会要详细讨论转移方案,并按照方案进行分工,配备资源,制定投产计划等。②物料采购和供应商审计。③物料检验。④产品放样:根据转移方案在接受方实施批量生产,成品必须合格。

(三)持续工艺确证(第3阶段)

持续工艺确证与药品工业化生产阶段GMP相一致,指的是:在商业化生产期间,持续监测和评价工艺性能,以保证生产工艺处于受控状态。也就是说，工艺的受控状态能在日常生产中通过质量体系和持续改进得到持续保证。

  应建立一整套完整的符合GMP要求的管理体系，并配备充足的监测手段，对整个商业化生产过程进行持续不断的监测，以防止偏离预期工艺控制范围的情况出现。

  持续工艺确证包括一系列持续改进活动。持续改进通常包括以下5个步骤：①确定具体问题和目标。②测量当前工艺的关键环节，并采集相关数据。③分析数据，调查和核实出现问题的因果关系，确保所有因素均已考虑在内。如果有缺陷，要找出缺陷的根本原因。④以应用确证DoE等的数理分析为依据，改善或优化目前的工艺，创建新的未来状态工艺。试运行以确定工艺能力。⑤监测生产工艺，确保来自目标的所有偏差均在导致缺陷前得以纠正。实施控制策略，并持续监测生产工艺，使生产工艺始终处于受控状态。

（四）与传统方法的比较

  传统的工艺验证方法为一次性、三批次方法，在日班中使用最好的操作工人，用相同批的物料，鼓励"不捣乱"状态，几乎不能保证生产工艺处于和一直保持在受控状态。因此，研发出来的产品虽然得到批准，工艺也经过验证，但不能持续提高产品质量或生产效率。而QbD方法是一种科学的和基于风险的方法，有效克服了传统方法的若干缺陷。这两种方法的比较见表1.2和图1.6。

表1.2 工艺验证的QbD方法与传统方法的比较

传统方法	QbD方法
总体药品研发上，产品和工艺开发主要凭经验，通常为单变量实验	总体药品研发上，通过对物料属性和工艺参数与产品CQA之间关系的系统化、机理上的理解来确定产品和工艺，通常为多变量实验，必要时建立设计空间并使用PAT工具
工艺参数的设定点及可操作范围常固定不变，仅进行最初一次性验证，注重优化和重现性	工艺能在设计空间内调整，采用生命周期方法进行验证，在整个生命周期内持续改进，注重控制策略和工艺稳健性，常使用统计过程控制方法

续表

传统方法	QbD方法
过程控制方面主要用中控检测来决定生产是否继续,为离线分析和慢反应	过程控制方面采用PAT工具并结合适当的前馈和反馈控制,可实时监测,过程操作可溯源且可确定趋势,可支持批准后的持续改进
产品的质量主要是通过中间体(工艺过程中物料)和成品的检验来控制。产品的质量标准作为主要的质控手段,并以注册时的批数据为依据	产品质量通过透彻理解产品和工艺的、基于风险的控制策略而得到保证,质量控制前移,有进行实时放行检验或减少成品检验的可能性。产品质量标准仅属于控制策略的一部分,以所期望的产品性能相关支持性数据为依据,主要是基于产品预期的有效性和安全性
对生命周期的管理主要是基于对问题的反应和超标情况的处理,根据需要进行变更,是被动解决问题和采取纠正措施	对生命周期的管理是预测性的,有预防性措施,鼓励持续改进,在设计空间内调整无需监管部门批准
总体上,质量决策游离于科学知识和风险评估之外,偏重于遵守注册法规	总体上,质量决策基于对产品和工艺的理解与风险评估,用设计(研发)来保证质量

* QbD方法并不代表制药企业必须选择的唯一方法。在药品研发中,既可使用传统方法,也可使用QbD方法,或同时使用这两种方法。因此,传统方法和QbD方法并不互相排斥。在QbD方法中,并非必须采用实时放行检验。

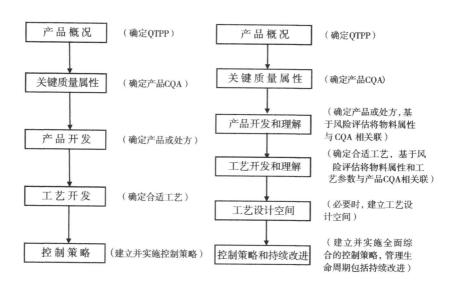

图1.6 工艺验证的QbD方法与传统方法的比较

另外，在ICH Q11第10章"实例说明"10.1节实例1"物料属性和工艺参数与原料药CQA的关联"中，为控制化学合成反应第5步中间体F水解生成的杂质在0.30%以下，分别采用传统方法和QbD方法对中间体E水分和回流时间进行研究。结果表明，尽管这两种方法均提供了水分和回流时间的可接受范围，但采用QbD方法所建立的工艺设计空间能提供更多的生产灵活性。读者可仔细研读该实例。

（五）结语

工艺验证的QbD方法，其关键点主要包括：①强调预期目标——QTPP；②明确产品CQA；③明确能影响产品CQA的CMA和CPP；④基于已有的知识空间建立设计空间，并建立合适的控制策略；⑤将该方法合并入商业计划，以促进产品质量在其生命周期内不断提高。

实施工艺验证的QbD方法，整合了对下列情况的认知：①产品的质量、有效性和安全性是通过设计（研发）而注入产品的；②仅仅对生产过程和终产品进行检测，产品质量不能得到充分的保证；③对每一步生产工艺进行控制，能确保终产品符合所有设计特性以及包括质量标准在内的质量属性。

企业通过实施工艺验证的QbD方法，能有机会对产品中各物料的影响和生产过程中各参数或指标的制定进行测试并有深刻的理解。如此积累的有用信息有利于法规风险分析，可减少厂家对已上市产品要求变更的申请，并能真正做到对生产过程的有效质控。

采用QbD方法并不是全面否定传统方法，而是对传统方法进行强化。这种强化能使工艺验证更为有效，更有针对性，更能保证产品质量属性和工艺性能的一致性。

总之，采用QbD方法进行工艺验证，目标是减少产品变异和缺陷，并通过研发可靠的产品和生产工艺，建立与临床表现相关的质量标准，提高研发效率，减少产品批准后变更。其组成部分（元素）包括QTPP、产品CQA、产品开发和理解（确定CMA）、工艺开发和理解（确定CMA和

CPP)、控制策略和持续改进等，最终产品和生产工艺得到评估，并在批准后的产品和工艺生命周期管理中得以不断改进。

（六）名词术语解释

1. 目标产品质量概况

目标产品质量概况（QTPP）：产品质量属性的前瞻性总结。具备这些质量属性，才能确保预期的产品质量，并最终保证药品的有效性和安全性。

QTPP曾用名为TPQP，它不同于目标产品概况（TPP），但不应偏离TPP所建立的核心目标。

2. 关键质量属性

关键质量属性（CQA）：产品的某种物理、化学、生物学或微生物学性质或特征。只有当这一性质或特征在一个合适的限度、范围或分布内，才能确保预期产品质量，并最终保证药品的有效性和安全性。可能是成品（终产品）CQA，也可能是中间体CQA。

如果是CQA，需再分析该CQA是否受产品（处方）和（或）工艺的影响。如果受其影响，则需进行风险评估和实验研究。

注意：产品CQA与产品质量标准不同，不必将两者一一对应。有些在工艺过程中容易控制和达到的CQA可以不包含在产品质量标准中（如生物技术产品/生物制品制备中病毒清除并不是每批均需检测）。

产品CQA的确定过程如图1.7所示。

3. 关键物料属性

关键物料属性（CMA）：为达到目标产品质量，物料的物理、化学和生物学性质必须限定和控制在一定范围内，或在一定范围内分布。这些对产品质量属性有明显影响的物料属性即为CMA。

在本书中，CMA不同于CQA。CMA指的是包括原辅料在内的输入物料的关键质量特征，而CQA指的是包括成品在内的输出物料的关键质量特征。一个中间体的CQA可成为同一产品在下游工艺步骤的CMA。一个原料药的CQA也可能成为由该原料药制备而成的药物制剂的CMA。

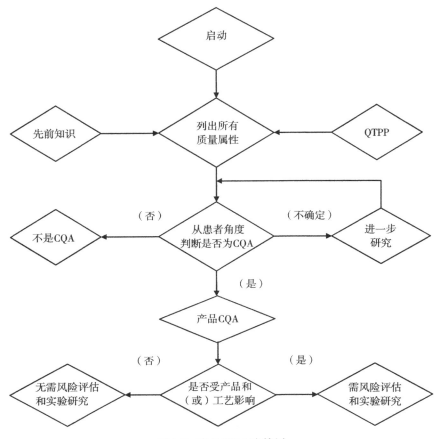

图1.7 产品CQA决策树

4. 工艺参数、工艺设定点、关键工艺参数和非关键工艺参数

制药过程是在一定的生产条件下，将物料转变成产品的一组工艺操作。在大生产中，制药过程可以由一系列单元操作以各种并行、串行或混合的方式组成。无论是整条制药生产线，还是单一的生产过程单元，都可以抽象出一些基本的过程元素，主要包括输入（如物料）、输出（如产品）及工艺参数等。

工艺参数（process parameter）：工艺步骤或单元操作的运行参数（如流速）或工艺状态变量（如温度）。

工艺设定点（process set point）：工艺参数是稳态时所达到的目标值。

关键工艺参数（CPP）：一个对产品质量属性有明显影响的工艺参数。该参数需在一个特定的较窄范围内予以监控，以确保该工艺能生产出预期质量的产品。CPP 不同于 KPP（key process parameter，暂译为：重要工艺参数），后者与工艺性能属性或参数（如产品收率）相关联。

非关键工艺参数（non-critical process parameter）：工艺中一个可调节的（可变的）且被证明可以在较宽范围内很好控制的参数。

CPP 和 CMA 与产品 CQA 之间的关系见图1.8。

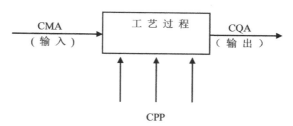

图1.8　CMA 和 CPP 与产品 CQA 之间的关系

注：CQA =f（CMA1，CMA2，CMA3……CPP1，CPP2，CPP3……）

5. 设计空间

药学研究中，设计空间（design space）主要包括工艺设计空间和方法设计空间。

工艺设计空间（process design space）：经验证能保证产品质量的输入变量（如物料属性）和工艺参数的多维组合和相互作用。

方法设计空间（method design space）：经验证能保证分析数据质量的输入变量（如材料属性）和方法参数的多维组合和相互作用。与 ATP 不同，方法设计空间涉及一种特定方法。

设计空间是通过对知识空间（knowledge space）的风险评估和实验研究而得到的。知识空间是关于过程或系统的全部信息，这部分信息或知识可以是经验理解，也可以由实验和文献调研等方式获取。知识空间之外代表尚未探索的未知领域。知识空间中符合要求的输入变量与工艺（或方法）参数的多维组合构成设计空间。由于设计空间的边界存在一定的不确定性，为保证能够持续可靠地生产出合格产品或产生高质量分析数据，往往在设计空间的范围内建立一个控制空间（control space）。

在设计空间内，属性或参数无需向监管部门提出补充申请即能自行进行调整。但如超出设计空间，通常需启动监管部门的批准后变更程序，经批准后方可执行。

通常，设计空间由企业自行提出，由监管部门进行评估和批准。

以下重点介绍工艺设计空间。

由于工艺设计空间依赖于生产规模，在实验室小试规模或中试规模确定的设计空间可能不适用于商业化大生产规模。这是因为通常对单元操作原理的理解是有限的，规模扩大在很大程度上是基于一般的经验及试错方法。所以，如果工艺过程存在放大效应，则应确定在放大过程中起主导作用的因素，并建立不同规模之间的放大关联模型，以避免或减少放大风险。但如对操作原理等有充分理解时，设计空间也可以跨规模平移。此外，工艺设计空间还与制药设备有关。同一工艺采用不同类型的设备，所建立的工艺模型和设计空间可能会有所不同。

以工艺设计空间的建立为例，采用的系统步骤包括：① 通过科学的和基于风险的方法，确定产品CQA。这是设计空间建立的前提。② 模型设计（见后）。这是构建设计空间的基础。此过程是确定输入变量、工艺参数与输出响应之间关系的过程，因而十分重要。③ 设计空间的展示。要对所研究的制药过程进行充分的科学描述，总结与之关联的文献资料和历史数据，滤除不必要和关联性小的信息。在此基础上，对设计空间的研究和（或）实验设计的科学性进行充分论证。再采用规范通用的语言阐述属性和参数的评价过程以及模型设计的过程和结果，并重点说明工艺过程的CMA、CPP和产品CQA之间的关系。最后，采用适当的工具，如图示（等高线图或等高线重叠图）或数学方程式等，将设计空间予以展示。

下面举一个美国FDA推荐的缓释片实例[5]，进一步说明工艺设计空间的建立过程。在该实例中，采用Glatt GPCG-5型底部喷雾流化床设备进行实验室小试规模（4kg）层积上药操作。风险评估确定层积上药步骤对成品CQA中含量的影响风险为高。随后，确定该步骤产生的中间体——层积上药微丸的含量为中间体CQA。接着，确定了可影响该中间体CQA的高风险变量为物料温度、喷速、雾化压力和风量。最后，对上述4个变量采用2^{4-1}部分析因DoE进行研究，研究的响应是细颗粒（<250μm）、聚集颗粒（>420μm）和层积上药微丸含量。通过该研究，确定了物料温度、喷速和风量为该工艺步骤的关键变量；在所研究的范围内（1.2~2.0bar❶），改变雾化压力对所研究的3个响应无明显影响。在此基础上，拟定范围为物料温度：(45±3)℃，喷速：(35±10)g/min，风量：(100±20)ft³❷/min。

取得上述结果后，又采用Glatt GPCG-60型底部喷雾流化床设备，在中试规模（40kg）进行层积上药工艺的优化研究。研究采用2^{3-1}部分析因DoE，并将雾化压力纳入中试规模工艺开发和理解的一个因素（根据设备厂家的建议，确定为2.0~3.0bar）。由于物料温度与规模无关，故中试规模下此变量不再进行考察。研究响应除了与实验室小试规模相同者外，增加工艺效率（≥90%）和干燥失重（≤2%）这两个指标。结果，在40kg规模下，用于层积上药的各种条件均提供了满意的层积上药微丸，DoE分析也证明所有因素（在研究范围内）对响应的影响无意义。本研究确认当关键变量设置在优化范围内时，可生产出符合预定目标的层积上药微丸。基于这些研究结果，最终定义40kg规模下层积上药单元操作的工艺设计空间（未给出图）为：物料温度：(45±3)℃，喷速：(210±30)g/min，雾化压力：(2.5±0.5)bar，风量：(600±90)ft³/min。

值得一提的是，上述已确定的工艺设计空间仅适用于40kg中试规模，在商业化生产规模（180kg）下，采用Glatt GPCG-120型底部喷雾流化床设备生产时，需对该设计空间做进一步确认。这是因为只有商业规模的设计空间才具有ICH Q8（R2）所定义的有意义的"弹性监管"。结果，在商业化生产规模（180kg）下层积上药单元操作的工艺设计空间（未给出

---

❶ 1bar=10^5Pa，下同。

❷ 1ft³=2.831685×10^{-2}m³，下同。

图）被确定为：物料温度：(45±3)℃，喷速：(210±30)g/min，雾化压力：(2.5±0.5)bar，风量：(1800±270)ft³/min。可见，随着设备型号和生产规模的改变，风量按比例增加3倍，其他变量均维持在中试规模的优化值。

有必要说明，可以为一个或多个单元操作建立各自的工艺设计空间；也可以建立一个单一的设计空间，覆盖多个单元操作。通常为每个单元操作建立独立的设计空间比较简便，但覆盖整个工艺过程的设计空间具有更大的操作灵活性。例如，在冻干前药物会在溶液中降解，则设计空间对降解程度的控制（如pH、浓度、时间和温度）可通过每个单元操作来表述，也可以通过所有单元操作的总和来表示。

此外，工艺设计空间可以根据达到能满足某个产品CQA的可操作范围的非线性或线性组合来确定。前者允许达到产品CQA的最大可操作范围；后者范围较小，但操作更简便。工艺设计空间也可以根据能同时满足多个产品CQA的可操作范围的共同区域来确定。如果工艺设计空间仅涉及两个属性或参数，则比较容易用图来展示。当涉及多个属性或参数时，也可在第3个、第4个或更多属性或参数的一定范围内，通过两个属性或参数的不同水平（如高、中和低）来呈现。

2013年10月，美国FDA和欧盟EMA共同发布"设计空间确证问答"（*Questions and Answers on Design Space Verification*）。通过问答形式，回答了与工艺设计空间确证有关的9个问题，读者可进一步阅读。

总之，设计空间仅适用于特定的条件，包括：①适当定义的输入变量的质量属性。②适当选择的工艺参数或方法参数。③适当选择的产品CQA或方法关键性能特性。尽管本书介绍了设计空间的通用研究方法，但建立一个可以实际使用的设计空间尚需开展更多的研究工作，如设计空间的构建方法、设计空间在不同规模和设备之间的传递、在设计空间内改变属性或参数的风险及其与产品有效性和安全性的关联、设计空间的可靠性和持续改进等。在工艺或方法生命周期中，随着理解的不断深入，设计空间可能会有变化，属性或参数也有可能需要随之修正。在工艺或方法生命周期某一阶段建立的设计空间，仅代表当前对生产工艺或分析方法的最佳理解。

6. 模型设计

模型设计（model design）：以制剂工艺研发为例，将物料属性和工艺参数等因素通过模型与各项评价标准建立起关联（图1.9），这就是模型设计[8]。可见，模型设计的过程是确定输入变量和过程参数与输出变量之间函数关系的过程，是构建设计空间的基础。通常，如果机理清晰，可建立机理模型；如难以进行机理分析，则可建立经验模型。统计建模所需的数据可通过多变量DoE而获得。

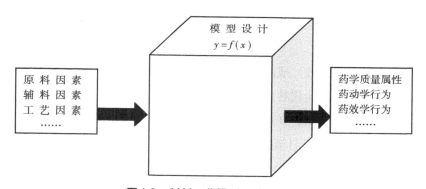

图1.9 制剂工艺模型设计示意图

采用实验室规模模型设计的主要优势在于：① 所用物料成本最低。② 获得工艺信息的周期最短。③ 以实验室规模模型作为基础，可在较小规模下考察未来的工艺变更或供应商变更。④ 能提供商业化规模预测模型的可能性。⑤ 有助于技术转移至其他场所。但此种模型设计也面临一些挑战：一是有可能无法在实验室规模下模拟某些因素组合，二是仍需在商业化规模进行规模依赖性因素的确认研究。

请注意：模型设计只是对真实情况的简化和模拟，与真实情况之间会存在一定距离。因此，需要对模型进行反复优化和验证，以提高模型设计的准确性。另外，由于产品和工艺生命周期各阶段的复杂性，对模型中各参数空间的确证相对较困难，但随着PAT新技术的应用，设计空间和控制策略的准确性将会得到进一步提高。

7. 控制策略

控制策略（control strategy）：源于对现有产品和工艺的理解，能确保工艺性能和产品质量的一整套有计划的控制手段。控制策略可以包括下列参数和属性：与原料药和制剂组分有关的属性、设施和设备运行条件、中间控制（中控）、成品质量标准、监测和控制方法与频率等。

具体地说，一个控制策略可包括，但不限于以下：

（1）在理解输入物料（如原辅料、中间物料和与产品直接接触的包材）属性对可生产性和产品质量等影响的基础上，对其进行控制。

（2）对影响下游工艺或产品质量的单元操作的控制（如干燥对降解的影响等）。

（3）中间体和（或）成品质量标准。

（4）实时放行检验代替成品检验。

（5）监控方法（如定期的产品全检）。

通过适当的工艺设计获得的知识可用于建立控制策略。控制策略可能的实施方案如图1.10所示。第一级控制依赖于大量的成品检测和严格限制的物料属性与工艺参数范围。由于对变异来源及对CMA和CPP影响产品CQA的认识不足，任何显著变更均需监管部门审批。第二级控制减少了对成品的测试，并在建立的工艺设计空间内给予物料属性和工艺参数一定的灵活性。QbD方法促进了对产品和工艺的理解，并有助于识别影响产品质量的变异来源。第三级控制采用PAT和自动化工程控制来实时监控灵活可调的生产工艺。这个级别的控制是最具适用性的。它能监测输入物料属性，自动调整工艺参数，以确保产品CQA符合预定的可接受标准。这一级别的控制可实现产品实时放行检验。事实上，由于目前技术能力的限制，可用第二级和第三级混合控制的方法。

值得一提的是，以上控制策略是针对生产工艺而言的，涉及的是工艺控制策略，但控制策略还包括方法控制策略等。

第一章 QbD基本概念

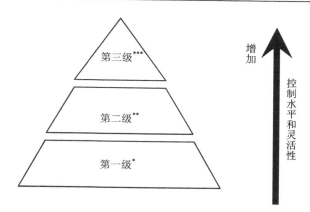

图1.10 工艺控制策略可能的实施方案

*第一级：成品测试＋受到严格限制的物料属性和工艺参数；
**第二级：减少成品测试＋在工艺设计空间内灵活控制CMA和CPP；
***第三级：实时自动控制＋基于物料属性变化的灵活的工艺参数设定，以应对物料属性的变化。

8. 实时放行检验

实时放行检验（real time release testing）：根据工艺过程数据评价并确保中间体和（或）成品质量的能力，通常包括已测得的物料属性和工艺过程控制的有效组合。

如果所有与实时放行检验相关的产品CQA均通过工艺过程参数监测和（或）物料检验来保证，那么，批放行决策可能就不需要终产品检验。但产品仍要建立质量标准，并在被检测时能通过。

例如，在美国FDA推荐的缓释片实例[5]中，经过研发工作，刻痕片达到了含量、含量均匀度和释放度等方面的成品要求。因此，不需要在成品放行时进行日常检测，只需在生产过程中分别达到速释颗粒、缓释包衣微丸和示例缓释片（此步涉及总混和压片）控制策略所要求的物料属性和工艺参数即可放行。不过，该实例也指出：如果需要对终产品进行检测，则需满足成品质量标准。

二、分析方法验证的QbD

如图1.4所示，按照方法生命周期管理，采用QbD进行分析方法验证，与采用QbD进行工艺验证类似，指的是：在从方法设计阶段开始的整个方法生命周期内，对数据和知识进行采集并评价，建立科学依据，表明该方法可持续提供高质量分析数据。该途径也分为3个阶段：方法设计（第1阶段）、方法确认（第2阶段）和持续方法确证（第3阶段）[9]。

（一）方法设计（第1阶段）

方法设计阶段，首先要在理解QTPP和产品CQA以及过程控制要求的基础上确定分析目标概况（ATP）和方法关键性能特性（也称关键方法属性，critical method attributes）。ATP是方法生命周期所有阶段的焦点。为建立ATP，有必要确定可指示方法性能的所有特性，如准确度和精密度等，以确保该测量能产生适合于目的的数据。一旦识别了这些方法性能特性，尤其是识别了方法关键性能特性，则接下来就可定义这些特性的目标标准（如该方法所要达到的准确度或精密度水平）。选择目标标准的一个关键因素是整体工艺能力。拟定的质量标准限度、预期物料属性和工艺参数平均值与变异值等方面的知识有助于设定有意义的目标标准。

一旦定义了ATP和方法关键性能特性，就可进行方法开发和理解方面的活动。首先，选择能满足ATP要求的适宜分析技术和方法条件进行方法开发（可开发一种新方法或变更一种现有方法，也可直接采用已有方法）。这些分析技术和方法条件一般包括分析方法原理，仪器及其参数，试剂、供试品溶液和对照品溶液等的制备，测量过程，计算公式及范围限度要求等。然后，基于先前知识和风险评估，进行合适的实验研究（必要时采用DoE），以理解需控制的材料属性和方法参数及其与方法性能特性之间的关系，以确保该方法耐用和稳健。最后，开发和定义一系列预期能满足ATP的方法条件和控制措施，以建立方法控制策略。其过程与工艺设计十分类似。

（二）方法确认（第2阶段）

与工艺确认的定义类似，方法确认就是采集并评价来自于方法设计阶段的数据和知识，建立科学依据来表明该方法可始终如一地提供高质量的分析数据。

只有经过确认的分析方法才能用于物料和产品的检验，也才能可靠地用于产品的内在质量控制和过程分析等。

同一分析方法用于不同检验项目时，确认内容可能会有所不同。例如，采用 HPLC 法进行鉴别和杂质定量检查，在方法确认时要求可以不同。前者可以重点要求确认专属性，后者则可以重点要求确认专属性、准确度和精密度。

作为方法确认活动的一部分而进行的研究需符合 ATP 定义的特定预期用途。该确认活动可能涉及证明该方法在其使用的预期分析物浓度范围内具有足够的准确度和精密度。

此阶段的关键是在方法设计阶段已确定一系列方法控制策略的基础上，确认该方法可在日常环境中如 ATP 所要求的那样进行操作，无论该方法是用于研发还是用于工业化质控。因此，此阶段涉及证明定义的方法条件（包括规定的供试品和对照品重复水平及校正方法）能在常规操作时产生满足 ATP 所定义的诸如精密度和准确度等所要求的数据。这可能涉及重复测量一系列相同的样品以确认方法的精密度是否合适，并通过将分析结果与已知质量的产品进行比较，以证明任何潜在的干扰不会引入不可接受的偏差。

（三）持续方法确证（第3阶段）

持续方法确证的主要目的是要持续确保已建立的分析方法在日常使用中能保持在受控状态，包括在方法常规应用中的持续方法性能监测和相关变更后的方法性能确证。

持续方法性能监测指的是：持续安排采集与分析来自于重复样品的与方法性能特性相关的数据，包括对系统适用性测试数据进行趋势分析、对稳定性研究数据进行评估以及对样品日常检测数据的趋势分析等。一旦在常规环境中操作，则还应密切关注任何由该方法产生的超标（OOS）或超趋势（OOT）结果。理想状态下，通过使用方法生命周期管理的 QbD 途径，实验室应较少遇到与 OOS 相关的分析数据。一旦遇到 OOS 数据，应确定或排除其根本原因。持续方法性能监测还用于控制方法调整（即在方设计空间内改变）。

进行方法性能确证是为了确认分析方法在设计空间外的变更对方法性能特性无不良影响。这些确证活动需通过风险评估来进行，以满足ATP要求。这些活动的可能范围从评估方法变更后的操作能继续满足系统适用性要求，至进行对比研究以证明变更对方法精密度或准确度无不良影响。其目的是提供信心，即变更后的方法所产生的结果仍符合ATP所定义的目标标准。方法生命周期中可能发生的变更及可能采取的措施如图1.11所示。

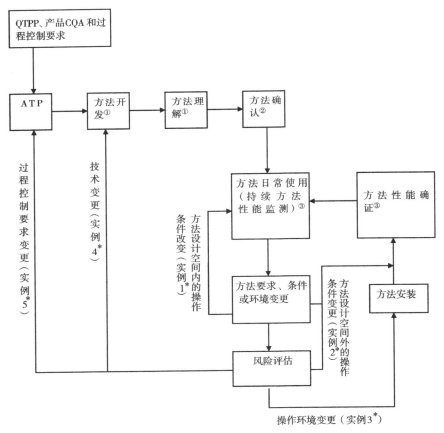

图1.11 方法生命周期中可能发生的变更及可能采取的行动

*为本书第四章第二节中介绍的实例1～5。

①方法验证第1阶段（方法设计）；②方法验证第2阶段（方法确认）；③方法验证第3阶段（持续方法确认）。

方法经确认后，可能涉及在新场所操作而被转移到另一个实验室。为保证接受方可准确可靠地应用该方法，并确保分析结果的连续性和完整性，需按照QbD要求进行合适的方法安装和方法性能确认（图1.11）。方法安装活动的程度基于风险评估。

（四）与传统途径的比较

传统的分析方法验证与传统的工艺验证存在的问题具有相似性。传统的分析方法验证通常由参与方法开发的研发人员完成，方法验证常被认为是一次性事件，基于一般的方法特性和标准，以检查框的方式而不是以其目的来进行验证，验证过程更侧重于产生可经受法规检查的验证文件，而不能侧重于确保方法在日常使用中能得到较好执行，往往导致分析结果的准确性和可靠性较差。

方法经验证后，可能被转移至另一个实验室。传统的分析方法验证较少考虑常规方法操作环境，缺乏有效采集和转移方法研发人员隐性知识的过程，结果可能导致方法不能如接受方预期的那样操作。然后要花费很大的精力来识别引发方法性能问题的各种变量，并反复进行。方法转移活动通常作为一次性过程进行，存在的风险是该活动更侧重于产生方法转移报告，而不是侧重于确保接受方准确和可靠地使用该方法，并保证分析结果的连续性和完整性。

基于为预期方法用途而定义的特定ATP，方法验证的QbD途径可更灵活地进行所有方法验证活动，这将淘汰以检查框方式创建验证文件的不必要和无价值的工作模式。因为QbD途径能被分析方法的所有用户所采纳，所以，该途径也能提供行业术语标准化的可能性，并创建一种相互协调的方法验证途径。QbD途径将术语与用于工艺验证的术语相一致，支持生命周期管理，删除现有的模糊不清的术语，并阐明方法验证过程的每个部分所要达到的要求。

以有关物质研究方法为例，传统的途径是一种被动思维模式，从杂质分析的结果出发，仅从建立的某种检测方法所检出的有关物质中归属其来源情况，而未充分分析与确定可能存在的潜在杂质情况，建立的分析方法不能全面检出这些杂质，故易出现杂质漏检，难以全面掌握产品的杂质谱（impurity profile）。而基于杂质谱分析的 QbD 途径是一种"以源为始"的主动控制模式，从杂质来源入手，从制备工艺、化学结构和产品组成等的分析出发，评估和预测产品中可能存在的及潜在的副产物、中间体、降解产物以及试剂、催化剂残留等杂质概况，辅以适当的强制降解和对照物质加入等手段，考察已建立的分析方法能否将它们逐一检出，并进行相应的方法验证。

分析方法验证的传统途径与 QbD 途径的比较见表1.3。

表1.3 分析方法验证的 QbD 途径与传统途径的比较

传统途径	QbD 途径
基于一般的方法特性和标准，以检查框方式进行方法验证	满足 ATP 的方法验证。ATP 规定了实施控制策略所需的特定方法特性和标准
理解材料属性和方法参数变化对方法性能的影响是有限的	建立详尽而又结构化的途径，来识别和解释材料属性和方法参数的变化及其影响
方法验证常被认为是完成方法开发所进行的一次性事件	方法验证被看作是从方法开发至常规使用的整个方法生命周期中产生适合于其目的的数据的全部活动。方法确认意味着该方法能在常规环境中按预先设定的方式操作
方法转移常被看成是一种与方法验证无关的独立活动	方法转移被看成 QbD 途径重要组成部分和变更控制活动。基于风险评估进行合适的方法安装和方法性能确证
方法转移被简单地看作为一种方法由提供方转移至接受方，提供方和接受方同样对待	方法安装要确保在常规的操作环境中有效地建立方法，这包括从提供方转移知识
方法确证、方法转移、方法验证和方法再验证等名词术语的使用较混乱	名词术语的表述更加清晰，可统一使用 QbD 术语，方法验证所用术语与工艺验证一致
在已验证的方法性能特性发生变更后，考虑到可能的影响，要再验证	方法性能确证涉及到方法操作条件或操作环境变更后，该方法仍能按预期的 ATP 要求进行操作

（五）结语

采用QbD进行分析方法验证的设计、确认和持续确证是药品有效、安全和质量可控的充分保证。要用基于科学知识与风险评估的QbD理念，进行分析方法的设计和确认，以保证分析方法的科学性、准确性和可行性，进而通过分析方法的持续确证，始终如一地提供高质量的分析数据，以有效控制药品的内在质量，降低药品安全风险。

采用方法生命周期管理的QbD途径，对于制药工业的分析人员来说，具有重要意义。制药行业和监管机构均需改进使用ICH Q2（分析方法验证：正文和方法学）的方式。理想情况下，随着愈来愈多地采用分析方法验证的QbD，将促进ICH Q2的修订，以与ICH Q8~Q11提出的产品和工艺生命周期管理的概念相一致，并切实提高分析方法的可靠性和促进分析方法的持续改进。

（六）名词术语解释

1. 分析目标概况

分析目标概况（ATP）：指导方法验证过程的预期分析应用所要求的所有性能标准组合。ATP定义必须测量的方法性能特性（如精密度）和该测量所要达到的水平（如精密度的目标标准）。ATP要求是一般性要求，主要联系预期目的，而非联系一种特定方法。任何符合ATP的方法都被认为是合适的。

2. 方法验证

方法验证，即分析方法验证（analytical method validation）：在其使用的整个生命周期内，进行必要的采集活动，以证明方法能满足其ATP。方法验证包括方法设计、方法确认和持续方法确证3个阶段。

3. 方法设计

方法设计（method design）：进行采集活动，以定义方法的预期目的，选择合适技术，并识别出需进行控制的关键变量，以保证方法耐用与稳健。方法设计包括方法开发和方法理解。

4. 方法开发

方法开发（method development）：进行采集活动，以选择能符合ATP要求的合适分析技术和方法条件。

5. 方法理解

方法理解（method understanding）：从进行的采集活动中获得知识，以理解材料属性和方法参数与方法性能特性之间的关系。

6. 方法确认

方法确认（method qualification）：对方法设计阶段的数据和知识进行采集和（或）获得必要的实验结果，以证明该方法可满足其ATP。

7. 持续方法确证

持续方法确证（continued method verification）：为持续保证方法在常规使用中处于受控状态而进行的活动，包括方法常规使用中进行的持续方法性能监测和相关变更后的方法性能确证。

8. 持续方法性能监测

持续方法性能监测（continuous method performance monitoring）：当使用实际生产的样品、设施、设备以及常规操作方法的人员使用时，为证明方法仍能如ATP所要求的那样操作而进行的活动。

9. 方法性能确证

方法性能确证（method performance verification）：在方法操作条件或操作环境等发生设计空间之外的变更后，为证明方法仍能如ATP所要求的那样操作而进行的活动。可通过风险评估来确定方法性能确证的必要性和程度。

10. 方法安装

方法安装（method installation）：进行必需的采集活动，以保证方法正确安装在其所选择的环境中。这包括知识转移活动，以便接受方理解方法的关键控制要求；也包括接受方进行所需的活动（如购买合适的色谱柱和试剂等，保证对照品和仪器设备可用，人员得到合适培训）。

三、小结

QbD方法目前主要用于工艺验证和分析方法验证两方面，均需经历生命周期管理"三阶段"的设计、确认和持续确证（包括持续改进）。实践证明，它是一种科学知识与风险评估有机结合的现代方法。它特别强调始与终的辩证统一，寻求自始至终，始终如一。例如，以终为始，强化研发目标；有始有终，突出过程控制；善始善终，注重持续改进。期望通过初始设计（研发），确保最终质量，因而是一门实施产品、工艺和分析方法生命周期科学管理的艺术。

在生产工艺和分析方法这两大领域的具体应用中，传统方法与QbD方法并不对立，可以将前者看成为后者的一个不完整的部分，后者是在前者的基础上发展起来的。应当承认，传统方法有很长的历史，且在许多情况下仍是有效的。QbD方法中的大部分元素其实都已存在于传统方法中。只不过与传统方法相比，QbD方法更强调系统而又全面地使用这些元素，而不一定需要多做实验。所以，很多情况下，在工艺验证和分析方法验证过程中，传统方法和QbD方法可以结合使用。

第三节 在药品研发中的应用

自2005年7月起，美国FDA即开始进行QbD注册申报试点[10]。试点项目中，辉瑞、默克和礼来等制药企业积极采用QbD方法进行药品研发。随后，在试点范围外采用QbD方法进行药品研发的注册申请也一直呈上升趋势。最近，美国FDA还专门为按QbD方法进行仿制药（ANDA）研发发布了两个实例——速释片和缓释片[5,11]。另外，欧盟、日本和加拿大等国家也在积极鼓励企业按QbD提交上市许可申请。经过数年的实践，美国FDA已决定自2013年1月1日起，仿制药注册申请必须采用QbD方法提交工艺设计部分的申报资料。至此，美国FDA已将QbD方法由一种理念真正转变成了在药品研发领域强制执行的法规要求，并已取得重大进展。一份资料表明，美国FDA于2013年1月强制实施QbD前，符合QbD要求的申请文件（即在申请文件工艺设计方面至少需包含下列元素：QTPP/产品CQA、产品开发和理解、工艺开发和理解、控制策略、基于科学和风险的方法）只有25%左右；强制实施后，截止到2013年5月，已达到72%以上。此外，美国FDA还在积极倡导制药企业采用QbD途径进行分析方法（如HPLC法）验证。

作为实施QbD的具体措施之一，美国FDA于2004年开始开发一种新的仿制药审评体系——基于问题的审评（QbR），并于2007年起正式施行。这一科学的和基于风险的问答式药品审评体系包含一系列重要的科学和法规审评问题，是为使QbD的要素具体化而设计，因而极大推动了QbD的实施。其主要特点：一是坚持并贯彻QbD的基本原则；二是以风险评估为基础，追求审评部门和制药企业在时间、效率和资源等方面的最佳状态；三是制定并固化"审评提问问题"。美国FDA推出QbR的主要目的，一是为了帮助审评部门全面评估QTPP、产品CQA、CMA、CPP以及控制策略等药品研发中的关键性问题，并最终形成完整统一的审评报告；二是为了帮助制药企业了解审评部门的审评标准和审评程序，指导制药企业将QbD方法用于药品研发，并有助于对药品研发进行风险评估，提高研发效率和产品质量。

目前，QbD方法在美国等国家用于药品研发存在的主要问题包括：① 未能充分依据临床有效性和安全性来确定产品CQA，或研发过程中未能完全保持产品CQA的一致性；② 对风险评估或风险分级未能提供充分的说明；③ 提供的大量研发信息未能完全遵循基于风险的原则；④ 对先前知识的应用缺乏充分的说明，或与研发项目之间的关联度不够。有鉴于此，一些学术组织如ISPE、GPhA、PDA等正在全球范围内加强QbD培训，旨在全面提升QbD在药品研发中的应用水平。

还值得一提的是，美国FDA和欧盟EMA于2011年3月推出一项为期3年的QbD试点项目，侧重对使用QbD元素提交的新药申请尤其是在质量/化学、制造和控制方面进行平行评估，旨在分享相关知识，推广实施QbD概念和方法，促进美国和欧盟在基于QbD注册审评方面的进一步合作，并确保双方在药品质量方面的一致性。为保证合作项目过程和实施细节等方面的统一，FDA 和 EMA 均采用 ICH 指导原则 Q8~Q11，以便于共享监管决策。以提问和回答形式发布的报告显示，FDA 和 EMA 已成功完成平行评估，并提供了一些参考意见和程序，表明该合作试点项目取得了积极进展。

一、美国FDA推荐的速释片实例简介

美国 FDA 推荐的 QbD 理念应用于仿制药研发与申报——速释片实例[1]：用 QbD 理念研发与参比制剂 acetriptan 片（规格 20mg，未包衣）等效仿制药——acetriptan 速释片。

首先确定 QTPP，这要基于原料药属性和参比制剂特性，还要参考参比制剂说明书和预期患者人群。接着，确定产品 CQA：含量、含量均匀度、溶出度和有关物质。

原料药的水溶性差，渗透性高，属于生物药剂学分类系统（BCS）Ⅱ类化合物。所以，研发初期的重点是开发一种能够预测药物体内释药行为的溶出度检测方法。公司内部开发的溶出度检测方法采用 900mL 含 1.0% 十二烷基硫酸钠（SLS）的 0.1mol/L HCl 溶液，测定装置为美国药典（USP）二法（桨法），转速为 75r/min。该方法能够区分不同粒度分布原料药生产的 acetriptan 片处方，并可在人体生物等效试验中预测其体内释药行为。

在整个研发过程中，通过风险评估来确定处方和工艺中高风险变量，进而确定需要进行哪些研究来增加对产品和工艺的理解，从而建立相应的控制策略。研发后，随着对产品和工艺的理解不断加深，风险评估得到更新，直至将风险降低至可接受水平。

在处方研发中，采用计算机模拟方法评价原料药粒度分布对体内释药行为的潜在影响，选择 d_{90} 为 30μm 或更小的粒度。由于湿法制粒工艺能使原料药在干燥阶段受热降解，故选择干法制粒工艺。仿制药采用了与参比制剂相同的辅料。辅料级别的选择是基于已经批准的 ANDA123456 和 ANDA456123 这两个仿制药的经验，这两个产品均采用了干法制粒工艺。最初的原辅料相容性研究发现原料药与硬脂酸镁之间存在潜在的相互作用。然而，当原料药和硬脂酸镁的用量与最终处方中的用量相当时，二者的相互

作用可忽略不计。另外，通过将硬脂酸镁仅作为外加辅料，能限制原料药与硬脂酸镁之间可能的潜在相互作用。

处方研发采用了两个 DoE 设计。第一个 DoE 研究原料药粒度分布，内加乳糖、微晶纤维素和交联羧甲基纤维素钠的用量对产品 CQA 的影响。第二个 DoE 研究了外加滑石粉和硬脂酸镁对产品 CQA 的影响。最终的处方组成是由这两个 DoE 的研究结果确定的。

在预混工艺研发中，采用一种经过验证的在线近红外（NIR）方法检测该步骤中的混合均匀度以降低相关的风险。辊压、辊隙和整粒筛目孔径被确定为干法制粒和整粒工艺步骤的 CPP，这些参数的可接受范围通过 DoE 研究来确定。终混工艺研究结果表明，如果硬脂酸镁的比表面积在 5.8~10.4 m^2/g 之间，混合机转数在 60~100 的范围内时，不会影响成品 CQA。压片过程中，确定了压片力的可接受范围，并且通过调节压片力来容纳薄片相对密度（0.68~0.81）的变化，从而达到最优化的片剂硬度和溶出度。

制定从实验室小试规模（5.0kg）到中试规模（50kg），进而到商业化生产规模（150kg）的工艺放大原则和方案。在中试规模和 GMP 条件下生产一批 50kg 申报批产品，并将该批产品用于人体生物等效正式试验并证明了生物等效性。进而提出了商业化生产规模中 CPP 的可操作范围，但这一点尚需在日常商业化生产中进一步确认和持续确证。

最后，由于在初始风险评估阶段，某些物料属性和工艺参数被确定为高风险变量，提出了针对一些物料属性和工艺参数的控制策略。控制策略还包括过程控制和成品的质量标准草案。在整个产品生命周期内，需对工艺进行持续监测，由此获得的额外知识将用于对控制策略进行适当调整。

二、美国 FDA 推荐的缓释片实例简介

美国 FDA 推荐的 QbD 理念应用于仿制药研发与申报——缓释片实例[5]：用 QbD 理念研发与参比制剂［品牌缓释片（规格 10mg，未包衣，有刻痕）］等效仿制药示例缓释片。

首先基于原料药属性和参比制剂特性以及参比制剂说明书与预期患者

人群，确定QTPP，示例缓释片旨在实现QTPP中所描述的所有特性。但在药品研发过程中，主要集中研究会受到处方和生产工艺影响的那些产品CQA。对于本仿制药，这些产品CQA被确定为物理属性（大小和可分割性）、含量、含量均匀度和释放度。

示例缓释片所含原料药Z为化学性质稳定的BCS I类化合物。为了与参比制剂一致，设计的示例缓释片含有速释颗粒（由高效湿法制粒工艺制备）和缓释包衣微丸（由流化床制粒工艺制备），外加其他辅料，一起压制成刻痕片。已批准的速释颗粒处方及生产工艺参见ANDA "aaaaaa"。选择Kollicoat SR 30 D作为缓释材料，并用DoE对处方进行优化。使用比例优化的两种规格的微晶纤维素来防止速释颗粒与缓释包衣微丸之间分层。再确定适宜用量的崩解剂（羧甲基淀粉钠）和润滑剂（硬脂酸镁），从而得到一个可靠的处方。

一个具有可预测性的释放度检测方法是研发本品的关键。尽管最初的示例缓释片（F-1）在第一次人体生物等效预试验中归于失败，但用这个制剂对体外释放条件进行大量筛选，获得了公司内部的释放度检测方法：在250mL pH6.8的磷酸盐缓冲液中，搅拌速度为10dpm，使用USP3型溶出仪。随后的人体生物等效预试验证实了与参比制剂释放度一致所需的理论聚合物包衣水平。利用从人体生物等效预试验中采集的药代动力学数据，建立了IVIVR。这一具有预测性的释放度检测方法被用于成品质量控制。

在整个研发过程中，基于风险评估确定处方和工艺中高风险变量，进而确定需要进行研究的变量以增加对产品和工艺的理解。进一步的风险评估表明，相应的风险随着对产品和工艺理解的不断加深而降低。

由于事先已建立了速释颗粒工艺，因此仅关注与缓释包衣微丸及最终片剂研发相关的4个关键工艺步骤：①缓释微丸制备（层积上药）；②缓释包衣微丸制备（缓释微丸包衣）；③总混；④压片。选择底喷流化床工艺进行缓释微丸的层积上药及缓释包衣微丸的聚合物包衣。在将混料压制成刻痕片之前，使用扩散混合方法进行总混。

对于每一个单元操作，均进行风险评估，再采用DoE对识别出的高风险变量进行研究，以确定CMA和CPP。在线NIR法经验证合格后，用于监测混合均匀度，以减少与混合相关的风险。工艺优化有助于在中试规模建立设计空间。中试规模的申报批示例缓释片在人体生物等效正式试验中被证明与参比制剂之间生物等效。

商业化生产规模的首个确认批释放度检测不合格。随后的研究表明，由于工艺效率不同，在商业化生产规模下生产的缓释包衣微丸，薄膜包衣厚度与中试规模相比有所增加。在生产第二个确认批时，考虑到商业化生产时提高了工艺效率，将理论聚合物包衣水平从30%降低到28%，进而达到了既定的产品CQA要求。

在最初风险评估阶段，某些物料属性和工艺参数被确定为高风险变量。这些物料属性和工艺参数被包括在控制策略中。控制策略还包括中间体和成品质量标准。在整个产品生命周期内，需对工艺进行持续确认，由此获得的额外知识将用于适当调整控制策略。

三、在我国药品研发领域的应用展望

在我国药品研发领域，从国家层面上来说，自2010年9月起，国家药品审评中心（CDE）倡导按CTD格式提交化学药品注册申报资料，并自2012年10月开始对按CTD格式申报的品种单独按序进行审评。其实施一定会有助于我国药品研发水平向国际先进标准看齐，可以认为是向着基于QbD理念进行药品研发迈出的重要一步。但从目前审评的品种来看，与按照CTD系统研发思想和技术要求进行药品研发还有较大距离[12,13]。尤其是，如前所述，基于杂质谱分析的杂质控制是QbD理念在杂质研究和控制中的具体实践。而杂质研究与控制又是一项系统工程，需要以杂质谱分析为主线，以安全性为核心，按照风险控制的策略，将杂质研究与药学各项研究乃至药理毒理及临床安全性研究等环节关联思考和综合评判，而不能仅停留在提供准确分析数据的传统思维上。所以，在药学研究中，急需从杂质谱分析入手，即按照原研制剂和（或）原研原料药杂质谱→仿制原料药杂质谱→仿制制剂杂质谱这一杂质研究路径，以原研药杂质谱为出发点，确立基于QbD理念的"以源为始"的科学的仿制药杂质研究基本思路。可见，在我国药品研发领域推行CTD和QbD尚需付出诸多努力。笔者以为，要在国内推行QbD，还是应该理念先行，CTD先行，并从细节做起（细节彰显专业），从严出发，从难出发，从实践出发，坚持不懈。只有这样，才能在不久的将来，厚积薄发，真正与国际接轨。

关于QbR，CDE于2011年6月发布"关于启用糖盐水类注射液审评模版的事宜"。对于糖盐水类简单的仿制药，明确关键质量控制点，重点考察灭菌工艺验证、包材相容性等关键质量控制要求。这一措施是在我国药品研发领域积极引入QbD和QbR理念的有益探索。

第二章 基于QbD的工艺设计概论

基于QbD的工艺设计为工艺验证的第1阶段,是GMP的基础。将工艺设计纳入整个工艺验证范畴,成为产品和工艺生命周期的重要组成部分,并将QbD概念和方法融入其中,这就对工艺研发提出了更为严格的规范要求。

第一节 一般过程

基于QbD的工艺设计通常可不在GMP条件下进行,但应依据可靠合理的科学方法和原则、良好的文件记录和项目管理规范等来实施。

采用QbD方法进行工艺设计,其一般过程主要包括确定QTPP和产品CQA、产品开发和理解、工艺开发和理解等[14],现分别进行介绍。

一、确定QTPP

QTPP是从理论上前瞻性总结产品质量属性,以确保临床的有效性和安全性。通过着眼于以终为始的最终质量目标,研发出可靠的产品和稳健的生产工艺,并有可行的控制策略来确保工艺性能和产品质量。因此,QTPP是QbD方法的基本元素,并构成工艺设计的基础。

QTPP中应包含所有与产品相关的质量要求,而且要更新,以补充药品研发过程中产生的新数据。

对于制剂,为建立QTPP,需着重考虑以下因素:

(1)预期的临床用途、给药途径、剂型、剂型设计、处方组成和给药系统。

(2)剂量和规格。

(3)药品容器密闭系统。

(4)药物释放和影响药物代谢动力学的属性(如气动性能等)。

（5） 药品有效期及在有效期内的质量属性。

（6） 药品的给药方式与说明书的一致性及可替代的给药方式。

对于一个新产品，应在任何研发工作开始前就得到充分定义。缺乏定义明确的QTPP必然导致时间和资源的浪费。

二、确定产品CQA

CQA是包括成品在内的输出物料的某种理化、生物学或微生物学性质或特征，这一性质或特征必须保持在一个合适的限度、范围或分布内，以确保预期产品质量和临床的有效性与安全性。

对于制剂来说，产品的质量属性可能包括活性成分鉴别、含量、含量均匀度、有关物质、残留溶剂、药物溶出或释放、水分、无菌或微生物限度、细菌内毒素，以及物理属性（如颜色、形状、大小、气味、产品刻痕和脆碎度）等。所有的质量属性都是产品的目标元素，这些属性可以是关键性的，也可以是非关键性的。一个属性是否为CQA取决于当该属性超出可接受范围时由风险评估获得的该属性对临床有效性和安全性的影响程度和不确定性。出现概率、可检测性或可控性等并不影响质量属性的关键性。

从药品研发的角度来看，仅能研究可能受产品（处方）和（或）工艺变量影响较大的CQA的一部分，并在此基础上建立合适的控制策略。

此外，有必要指出，产品CQA的确定是一个始于药品研发早期的持续性活动，需要随着产品和工艺知识的不断增加而更新。

三、产品开发和理解

产品开发和理解（product development and understanding）包括以下步骤：

（1） 选择物料，例如选择制剂中的原辅料。

（2） 找出所有可能影响产品性能的已知物料属性和用量。

（3） 用风险评估和科学知识来确定高风险属性和用量。

（4） 选择这些高风险属性的等级或范围。

（5） 进行实验方案设计和实验研究，合适时可采用DoE。

（6）分析数据，确定所研究的属性是否关键。当物料属性的实际变化显著影响产品属性时，该物料属性就是关键属性。对风险评估进行更新。

（7）建立合适的控制策略。对于CMA，确定可接受范围。对于非关键物料属性，可接受范围是研究的范围。

产品开发和理解决定了产品能否满足患者的需求，也决定了产品能否在有效期内保持其质量。所以，产品开发和理解的目标就是要获得一个在有效期内能保持所需QTPP的可靠产品。其要素包括：

（1）理解物料的理化和生物学特性。对于制剂来说，要充分理解原料药特性，确定辅料类型、等级和用量，理解原辅料的内在变异性等。

（2）对于制剂来说，要建立处方可靠性（即处方优化）。

（3）确定CMA。包括建立CMA与产品CQA之间的关系。

（4）建立物料的控制策略。

以原料药的产品开发和理解来说，可通过检索《化学品安全说明书》(*Material Safety Data Sheet*)，了解所用原材料、溶剂和试剂的理化性质，尤其是其化学反应性质、本身的毒性、毒性防护和应急处理措施等。可进行同类原材料、溶剂和试剂的筛选研究，根据研究结果综合考虑物料的选择。为减少原料药残留溶剂的影响，所选溶剂应尽可能避免使用已被证实具有明显毒性的溶剂。一般来说，有多个活性官能团的原材料和试剂应尽可能避免使用，最好不采用能形成遗传毒性中间体或原料药杂质的物料[15]。结合大生产的实际情况，考虑大生产设备的功能性和限制性，为大生产研究筛选所需的物料，并使物料对环境的潜在不利影响降至最低。

原料药起始物料的选择尤为重要。这里所说的起始物料是原料药结构的重要组成部分，不同于反应一开始用到的试剂、溶剂及其他物料。起始物料应当是具备明确化学性质和结构的物质，不能被分离的中间体通常不被看成为合适的起始物料。对半合成原料药而言，微生物发酵或植物提取获得的组分可以作为起始物料，也可将化学合成中分离出的中间体作为起始物料。细胞库则是生产生物技术产品或生物制品的起始物料（在某些地区也被称为源物料）。通常，改变生产工艺开始时的物料属性或操作条件对原料药质量的潜在影响较小。生产工艺早期引入或产生的杂质通常比生产工艺后期生成的杂质有更多机会通过精制步骤除去，而较少带入原料药中。尽管如此，在原料药产品开发和理解时，也还是要强化起始物料的质量控制，尤其是对其杂质谱和潜在污染物等的控制。必要时，要对起始物料进行精制。通常，起始物料的选择是否合理，应主要考虑以下几点：① 分析方法和程序检测起始物料中杂质等的能力；② 在后续工艺步骤中，这些杂质及其衍生物等的转归与清除；③ 建立的起始物料质量标准如何有助于建立控制策略。

再以制剂的产品开发和理解为例，原料药的物理性质包括粒度分布、多晶型、溶解度与pH的关系、固有溶出率和吸湿性等。如原料药多晶型有可能会影响溶解度、溶出度、稳定性和可生产性等。化学性质包括解离常数、在固态和溶液中的稳定性、光和氧化稳定性等。生物学特性包括分配系数、膜通透性和生物利用度等。这些特性在产品开发和理解阶段都要充分考虑。药用辅料是制剂中除活性成分之外的其他组成部分，可帮助制剂成型、保护或提高制剂稳定性、提高生物利用度、提高患者依从性以及协助产品识别等。常用的药用辅料包括填充剂（稀释剂）、粘合剂、崩解剂、润滑剂、助流剂、矫味剂、成膜剂、pH调节剂、渗透压调节剂等。美国FDA的《非活性成分数据库》给出了已批准的药用辅料安全使用限度。药用辅料被公认为制剂变异性的一个主要来源。ICH Q8（R2）建议厂家进行原辅料相容性研究。系统的相容性研究能最大程度减少研发失败，最大限度提高处方稳定性，并最终增加制剂在有效期内的稳定性，还能在稳定性方面出现问题时帮助分析寻找其根本原因。

对于制剂来说，处方优化研究能提高处方的可靠性，因而在产品开发和理解阶段至关重要。因为难以理解处方和物料性质的变化对产品质量和性能的影响，所以，没有进行优化研究的处方可能存在较高风险。但在QbD中，开展处方优化研究的实验数量多少并不重要，重要的是DoE等是否与这些研究相关，以及能否应用从实验中得到的知识与经验来研发一个优质的产品。从这个意义上来说，QbD不同于DoE等。

CMA是物料的某种理化、生物学或微生物学属性，只有当这一属性处于一个适当的限度、范围或分布内，才能确保所期望的产品质量。由于许多物料属性都可能影响中间体或成品的CQA，在产品开发和理解阶段研究所有物料的属性是不现实的。因此，需要借助风险评估，找出那些对产品CQA有潜在重要影响的物料属性，并对其做进一步研究。风险评估应依赖于科学知识和专业经验。在风险评估和实验研究的基础上，确定CMA，并最终建立物料的控制策略。

四、工艺开发和理解

工艺开发和理解（process development and understanding）通常是通过研究一系列的单元操作来得到所需质量的产品。每一个单元操作都是一个独立的活动，其中包括各种物理或化学反应。片剂生产中的研磨、混合、制粒、干燥、压片和包衣等，都是一个个单元操作（工序）。研发出一个好的生产工艺，通常可以识别和理解所有主要变异的来源，使工艺能很好地控制物料变异的影响，并能准确可靠地预测产品质量属性。因此，工艺开发和理解在工艺设计中至关重要。

建立工艺开发和理解的过程如图2.1所示，与建立产品开发和理解非常相似。

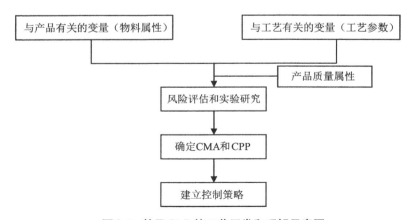

图2.1 基于QbD的工艺开发和理解示意图

其实施步骤可总结为：

（1）定义一个生产工艺。

（2）找出所有可能影响工艺性能和产品质量的已知物料属性和工艺参数。

（3）用风险评估和科学知识来确定高风险物料属性和（或）工艺参数。

（4）选择这些高风险物料属性和（或）工艺参数的水平或范围。

（5）进行实验方案设计和实验研究，合适时采用 DoE。

（6）分析数据，以确定物料属性或工艺参数是否关键。当某种属性或参数实际变化显著影响输出物料质量时，该属性或参数就是 CMA 或 CPP。对风险评估进行更新。

（7）建立工艺控制策略。对于 CMA 和 CPP，定义可接受范围。对于非关键属性和参数，可接受范围是研究的范围。

在获得良好的中试运行结果并进行了充分的风险评估后，基于 QbD 的工艺设计阶段在一般情况下即可结束，研发工作将进入下一阶段——基于 QbD 的工艺确认。

第二节　特别关注点

为了更好地实现对产品和工艺的理解，DoE 是一个目前尚未得到充分利用但又是非常有效的工具。采用这一工具设计一系列有条理的实验，能将物料属性和工艺参数做预先设计好的变化，再系统地研究和评估这些变化对预先定义的响应的影响，并建立物料属性和工艺参数与各响应变量之间的关系。如本书第一章所述，DoE 能在减少资源的情况下，最大限度地获取信息。DoE 研究结合机理模型，能最大限度地增加对产品和工艺的理解。在基于 QbD 的工艺设计阶段，精心设计的 DoE 能阐明多种因素对输出响应的共同影响，更易于确定最佳产品和工艺，更易于建立 CMA 和 CPP 与产品 CQA 之间相互作用或相互依赖的关系，并最终建立合适的控制策略。本书第三章呈现了工艺设计中应用 DoE 的大量实例。

工艺开发与理解中的过程控制用于描述那些生产过程中的控制项目，

主要包括：①工艺参数，可调整生产条件（如温度、酸碱度、混合时间和速度）来控制工艺过程；②环境控制，控制与设施设备相关的生产条件（如环境温度、相对湿度和洁净区级别）；③过程测试，用于监控和评价工艺过程的表现（如测试流化床干燥时的产品温度和出风温度）；④中间体检测，用于评价中间体的质量表现，以最终决定是否接受该中间体或终产品。生产过程中的每一步工序都必须有合适和具体的过程控制方法。所有在线物料测试以及任何操作参数、环境条件和保证每一重要生产环节的过程测试都应该得到合理控制。所有重要的过程控制以及它们的相关范围、限度或标准都应该具体化，并由实验数据调整结合生产过程中取得的经验而得到。一个可供选择的基于设计空间的过程控制策略是应用PAT对CMA和CPP进行实时在线主动控制。PAT可以为过程控制系统提供反馈信息，生产企业也因此能够实现持续改进并实时保证产品质量。不过，采用PAT要面临监管、QA、GMP和批准上的挑战。应大力支持并积极鼓励制药企业应对这些挑战，通过建立并实施PAT，促进药品研发和对工艺的深刻理解。美国FDA已批准若干实施PAT的申请，包括新药和仿制药的生产工艺，并已取得一定成效。关于PAT的知识及其在基于QbD的工艺设计中的应用详见本书第五章。

工艺设计中进行风险评估的目的是要找出高风险物料属性和工艺参数。如果这些高风险变量不能得到适当的理解和控制，就会影响产品质量。评估的结果就是要降低这些高风险变量的数目或风险程度，这有利于建立控制策略。有关风险评估在工艺设计中的具体应用，将在本书第三章和第六章以大量实例进行详细叙述。

对于口服固体制剂，尚需特别关注与工艺设计密切相关的两个关键性问题：一是有区分能力和预测性的体外溶出度或释放度检测方法的开发，二是IVIVR或体内外相关性（IVIVC）的建立。在口服固体制剂工艺设计过程中，有时已有的溶出度或释放度检测方法并不具备分辨能力和可预测性，此时就需要开发一种新的检测方法，以便区分出释药行为不同的处方，并能合理地预测体内释药行为。人体生物等效性试验在口服固体制剂工艺设计中十分重要，因为它可以证明体外所用的溶出度或释放度检测方法是否合适，并最终在体外溶出或释放与体内药动学行为之间建立 IVIVR 或 IVIVC。采用性能表现不同的处方有助于确定是否存在有用的 IVIVR 或 IVIVC。虽然 IVIVR 的可靠性不如 IVIVC，但开发一种能预测体内释药行为，又具有区分能力的体外溶出度或释放度检测方法，进而建立 IVIVR，再结合对产品和工艺的理解，也能保证药品质量，并能确保药品在体内达到预期效果。结合申报批人体生物等效正式试验的结果，还能预测商业批的表现，以建立申报批和商业批之间的关联性，有效控制批准后对 CMA 和 CPP 的变更，确保商业化生产时的持续生物等效性。总之，以上所述溶出度或释放度检测方法和 IVIVR 或 IVIVC 这两个问题与口服固体制剂工艺设计密不可分，是研发此类制剂的重点和难点，需要在工艺设计阶段给予足够的重视。有关 IVIVR 或 IVIVC 的基本概念、原理、建模方法、评价及其应用等均已成熟。但以目前的现状来看，还没有一种可以用于模拟高度复杂和动态的胃肠道环境，并能预测口服固体制剂体内行为的普遍适用的体外溶出度或释放度检测模型。故 IVIVR 或 IVIVC 的建立及其确证需要具体情况具体分析。美国 FDA 发布的缓释片实例[5]中，采用 USP 三法，在搅拌速度为 5dpm 条件下测得的仿制药体外释放分数总是低于体内释放分数，相关系数 R^2 为 0.65，表明该体外实验条件预测体内释药行为的能力差，参比制剂的实验结果与之类似（R^2 为 0.55）。但采用 10dpm，则建立了良好的 IVIVR，$y = 1.1114x - 0.1382$，R^2 为 0.85。随后，通过另一项人体生物等效预试验以及采用预测性释放度测试方法所获得的体外药物释放数据，最终建立了 IVIVR（$y = 1.1131x - 0.1242$，R^2 为 0.87）。

对于无菌药品的灭菌或无菌工艺设计，主要涉及最终灭菌工艺（如湿热灭菌等）和无菌生产工艺（如除菌过滤和无菌生产等）的开发和理解。在工艺设计时，应根据药品特性筛选确定合适的灭菌方式和灭菌条件，并系统评估工艺过程的各环节和各种因素对无菌保证水平的影响。对于药品灭菌工艺的考察和确定，首先是考察其能否采用湿热灭菌工艺，能否耐受湿热灭菌的高温。在对活性成分的化学结构进行系统分析的基础上，可通过开展一系列强制条件实验对活性成分的稳定性做进一步研究，以便在后续研究中采取针对性措施（如充氮、加抗氧剂或酸碱调节剂、更换溶剂系统、调整灭菌时间和灭菌温度等），以保证产品能够采用湿热灭菌工艺。只有经过一系列研究，证明即使采用各种可行的技术方法之后，活性成分依然无法耐受湿热灭菌工艺时，才能选择无菌保证水平较低的无菌生产工艺。其中，对于除菌过滤工艺，主要包括物料的质量控制、除菌过滤器的选择及除菌过滤工艺参数的研究、除菌过滤生产过程的控制等。对于无菌分装生产工艺的研究和生产过程控制的重点是影响无菌保证水平的工艺步骤，主要包括物料的质控（主要需对无菌性和细菌内毒素水平等进行严格控制）以及物料暴露于环境中可能再污染的关键工艺步骤及其参数（如分装速度和分装时间）等。另外，对于湿热灭菌和除菌过滤工艺，应采用适当手段来监控微生物负荷，如对灭菌或过滤前微生物数量的监控，对溶液配制至灭菌或过滤前能够放置的最长时限、产品批量和生产周期等的控制。当然，随着对产品和工艺等的理解愈来愈全面和深入，先前对灭菌或无菌工艺的研究结果也要经历工艺确认和持续工艺确证过程，而得到不断完善和持续改进。

与口服制剂比较，由于注射剂给药后直接接触人体组织或进入血液系统，因此各国均将其作为风险程度最高的给药途径和药物剂型。注射剂的质量风险主要来源于：① 由生产管道、过滤器和原辅料（包括生产过程中使用的活性炭）等引入的外源性杂质；② 容器密闭系统；③ 微生物控制（即无菌保证）；④ 热原或细菌内毒素；⑤ 药物的理化性质，如稳定性等。通常情况下，对于注射剂应主要围绕上述5个方面开展处方工艺研究，以尽量降低质量风险。其中，在药品常规的放行标准和货架期标准中，通常不含有外源性杂质检查项。因此，对于某些外源性杂质，如由生产管道、过滤器或容器析出物质在溶液中积聚产生颗粒时，可通过制剂的常规检查项目（可见异物和不溶性微粒）进行检查；对于其他一些外源性杂质，如由生产管道、容器密闭系统和过滤器中引入的特定物质，常规检查项目无法进行检测，对此类物质，必须通过对物料、生产管道系统、容器密闭系统以及过滤器进行相容性研究，并在生产中进行控制得以实现。

在进行基于QbD的产品理解与基于QbD的工艺理解时，可考虑同时实现这两个目标。也就是说，要充分关注产品（处方）与工艺之间的相互影响。例如，在美国FDA推荐的缓释片实例[5]中，示例缓释片是由速释颗粒、缓释包衣微丸、填充剂（微晶纤维素，MCC）、崩解剂（羧甲基淀粉钠）和润滑剂（硬脂酸镁）经总混后压制而成。总混工艺输出物料（混料）的CQA为混合均匀度。混合时间、混合机装料水平、混料存放时间、混料出料方式以及混料从贮料桶到进料斗转移被确定为影响中间体（混料）混合均匀度的高风险变量。开发NIR法，实时监控混合终点，使混合时间这一高风险工艺参数得到有效控制。混合机装料水平控制在40%~60%时，能确保混料含量均一，此风险亦得到有效降低。此外，经实验证实，混合均匀度不受出料方式和混料转移方法的影响，这两个变量的风险也由高降至中。但随着混料存放时间的延长，混料发生明显的分层。经检测发现，混料粒度分布有显著差异。所以，在工艺理解过程中，为降低混合均匀度差的风险，有必要同时进行产品理解方面的活动。经过一系列实验，最终按65∶35的优化比例联合应用具有互补作用的两种级别MCC：① MCC 200（松密度：$0.32g/cm^3$，d_{50}：$180\mu m$）。此级别MCC的粒径大小与速释颗粒和缓释包衣微丸相近。② MCC 101（松密度：$0.28g/cm^3$，d_{50}：$50\mu m$）。此级别MCC的粒径较小，可用来充填速释颗粒与缓释包衣微丸之间的空隙。结果，重新制备的混料放置24h以上，未发现分层，混合均匀度符合要求（RSD<2%），经压片后示例缓释片也获得可接受的含量均匀度，混料存放时间这一风险最终由高降至低，从而同时实现了对产品和工艺的理解。

有必要指出，容器密闭系统与产品的稳定性（包括产品是否受到微生物污染）密切相关。应对容器密闭系统的选择及其合理性进行说明。应重点关注药物制剂的预期用途和容器密闭系统对储存和运输的适用性。直接接触产品的内包材选择的合理性应予以证明，这包括内包材的完整性和产品与内包材之间可能存在的相互作用等。选择内包材时，要特别注意产品与内包材的相容性（包括吸附和迁移等）、防潮和避光性以及材质的安全性等。如果使用定量给药装置（如干粉吸入器和笔式注射器等），还要证明产品在尽可能模拟实际使用时能重复得到准确的剂量。对于容器密闭系统，必须从包装容器应具有的保护性、相容性、安全性和功能性等方面进行质量风险控制。

另外，应重视在ICH Q10中述及的药品质量体系4个要素[1]在基于QbD的工艺设计中的具体应用：① 在工艺性能和产品质量监测系统方面，建立的产品和工艺知识以及在整个工艺设计过程中对产品和工艺的监测可用于建立控制策略。② 纠正和预防措施系统能揭示产品或工艺的变异性。当将纠正和预防措施整合到工艺设计流程中时，其方法学是可用的。③ 在变更管理系统方面，变更是工艺设计的固有部分。应对变更进行文件记载，变更管理流程的正式程度应与工艺设计的不同阶段相一致。④ 在工艺性能和产品质量的管理审核方面，可在工艺设计阶段就开始实施管理审核，以确保工艺设计的适用性。

按照文件的生成时间和来源，可将药品研发中形成的文件归纳为3个层次。第1层次是在实验现场采集的原始数据、基础资料和常规记录，可称之为基础文件层次，主要包括各种实验记录、实验方案、仪器使用记录、物料台帐、仪器检测数据和图谱等。第2层次是将基础文件进行系统整理和归纳而形成的阶段性总结性文件和综合报告。第3层次为提交的文件，也就是申报资料。第1层次的文件是与药监部门检查相关的基础文件，要求真实、原始和可溯源。第2层次的文件是项目管理的需要。第3层次的文件是注册申报文件，其中CTD是ICH成员国药品上市注册申报的标准格式，作为文件（质量）管理规范（Good Document Practice，GDP）的重要组成部分，正逐渐成为国际制药工业界的新规范。在基于QbD的工艺设计中，所有对产品和工艺的开发与理解活动均应规范记录，并应形成文件归档（包括电子文档）。文件记录应能反映出对产品和工艺进行决策的基础所在。例如，需记录针对某一单元操作进行的变量研究以及为何将其确定为关键变量的基本原则，这些在随后的研究中也是有用的，尤其是在进行设计空间变更时。应尽可能详细记录DoE的思路、原则、操作以及观察到的实验结果

（数据）。要注重文件记录的完整性和可溯源性。好的文件记录，对于一个研发部门来说，是关系到其研发效率以及经验积累的头等大事，是基于QbD的工艺设计的重要环节。

第三节 小结

本章对构成药品研发重要组成部分之一的工艺设计从总体上进行了概述，重点引入了QTPP、产品CQA、CMA、CPP和控制策略等QbD概念（元素）。如本书第一章所述，尽管设计空间和实时放行检验也是QbD的重要概念（要素），但基于QbD的工艺设计并非一定要建立设计空间或使用实时放行检验。而且，即使实施了实时放行检验，产品仍然需要建立质量标准，所有产品也都要有稳定性监测方案，并需采用能反映产品稳定性的检测方法。

从本章叙述的主要内容不难看出，基于QbD的工艺设计作为整个产品和工艺生命周期内工艺验证的第1阶段，其主要目的：一是建立和捕获产品和工艺知识并理解，二是确定商业化生产工艺，并建立工艺控制策略。所以，基于QbD的工艺设计能为后续GMP条件下的工艺确认和持续工艺确证奠定坚实的基础和提供强有力的保障，是确保始终如一地生产出符合预期质量要求的产品的关键，需要从宏观和微观上给予足够重视。

为了科学而又高效地实施基于QbD的工艺设计，多学科和跨职能团队的参与显得非常重要。这个团队除了要包括研发和QA人员外，工程、环保、安全、药政和数理统计人员的作用也是不可忽视的。ICH Q10中提及的知识管理概念在基于QbD的工艺设计中也十分重要。先前知识、产品和工艺开发与理解过程中的信息等是后续工艺确认和持续工艺确证的支柱。采用计算机化信息管理系统实施知识管理在获取、管理、评估和共享复杂数据和信息时具有重要价值。此外，诸如DoE之类的数理统计工具（包括市售软件）的应用在其他行业（如机械、电子、汽车等）已非常成熟，但在药品研发领域尤其是基于QbD的工艺设计阶段的具体应用尚待加强。

美国PDA于2013年3月初在其官方网站上发布"工艺验证：一种生命

周期方法"(*Process Validation: A Lifecycle Approach*)第60号技术报告(PDA TR 60),对2011年美国FDA发布的工艺验证指南进行诠释,给出基于QbD的工艺开发和理解应包含的主要内容,引入统计学方法确定批次等重点内容,具有很强的可操作性,值得读者仔细研读。在此份报告中明确指出:工艺设计作为工艺验证的第1阶段,从一开始就要紧紧围绕商业化生产工艺和条件开展工作,为研发向生产的技术转移打好基础。这就表明,基于QbD的工艺设计一定要注重研发和生产之间的技术转移。技术转移活动的目标就是要在研发和生产之间转移产品和工艺知识,来有效完成研发技术向商业化生产的完美转化。

第三章 基于 QbD 的工艺设计实例

本章参考美国 FDA 推荐的 QbD 在药品仿制中的应用实例——速释片[11]，介绍 QbD 方法在工艺设计中的具体应用，重点关注研发思路和应用过程。本章介绍的实例与美国 FDA 推荐的实例[11]不同。因此，本章不代表美国 FDA 的任何观点和立场。美国 FDA 推荐的实例[11]为进行基于 QbD 的药品研发和向美国 FDA 注册申报以及审评监管提供直接、具体和系统的科学指导，具有历史性意义，读者可参考本章内容，仔细研读该实例。

本章介绍的实例基本情况：速释片，以下简称为自制样品 A，规格 20mg，为仿制药，采用原料药 A 经干法制粒工艺制备而成，未包衣。被仿产品（以下简称对照药 A）为已上市原研产品，也为速释片，规格、外观和大小等与自制样品 A 相同，无刻痕，也未包衣。

请注意：在实施本实例时，为了能准确了解物料、中间体以及成品的各种特性，应仔细评估测试数据的变化在多大程度上受到所用分析方法本身的影响，以确保测试数据能反映真实情况。方差分析（ANOVA）常被用于对测试系统进行评估。这种评估可以定量识别不同来源的变量，包括但不限于仪器之间、操作人员之间及样品之间。尤其是，本实例中多处采用 DoE。在 DoE 研究中，产品质量属性的数值随处方和工艺变量的变化而变化。此时，对测试系统和分析方法进行评估，确保其有能力获取真实数据，就显得更为重要。

本实例仅用于概念示范，目的是用来说明在药品研发过程中如何实施 QbD。虽然已试图让本实例尽可能切合实际，但真实产品的研发以及向监管部门实际提交的申报资料可能与本实例不同。另外，考虑到本书篇幅所限，本实例未按CTD格式等申报要求，呈现全部DoE实验数据以及所有ANOVA结果与各类图表，仅给出了其中一部分。部分图表与从统计学软件中直接输出的图表格式也可能不同，仅为了向读者提供DoE和ANOVA思路与过程。对于一个真实产品的QbD申报资料，应研究和包含所有实际信息。另外，对本实例中的许多地方，读者也可以选择其他合适的替代方法进行研究。

基于QbD方法进行包括本实例在内的口服固体制剂研发的基本理论与实践知识，读者还可进一步阅读有关专著[16]进行了解。

采用QbD方法进行自制样品A仿制的工艺设计过程可用图3.1表示。按时间先后顺序，研发实验工作主要包括：

对照药A测试。

原辅料相容性研究。

实验室小试规模粉末直接压片与干法制粒工艺可行性研究。

处方开发与理解1：原料药粒度分布和内加辅料用量研究。

处方开发与理解2：外加辅料用量研究。

制备具有不同原料药粒度分布的样品，并进行人体生物等效预试验。

预混工艺开发与理解：原料药粒度分布和转数的影响。

用于确定混合终点的在线近红外光谱（NIR）检测方法的建立。

干法制粒和整粒工艺开发与理解：辊压、辊隙、整粒速度和整粒筛目孔径的影响。

终混工艺开发与理解：硬脂酸镁比表面积和转数的影响。

压片工艺开发与理解：主压片力、压片速度和薄片相对密度的影响。

中试申报批样品制备，并进行人体生物等效正式试验。

本章对其中几个重点环节进行详细叙述。

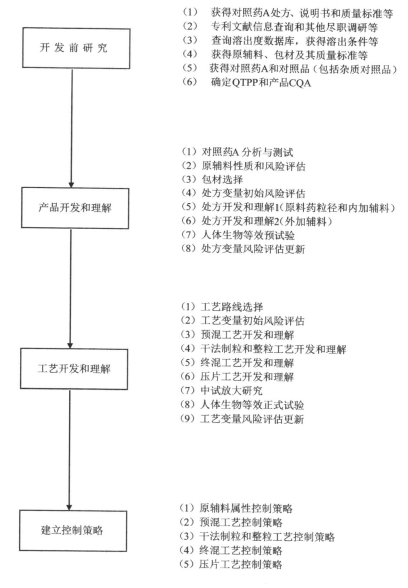

图3.1 基于QbD的工艺设计过程（以仿制某一速释片为例）

第一节 确定QTPP和产品CQA

自制样品A的QTPP见表3.1。

表3.1 自制样品A的QTPP

要素	目标	合理性说明
适应症	稳定型心绞痛	参照对照药A说明书已提供的信息
剂型	片剂	药学等效性要求：相同的剂型
剂型设计	速释片，片重200mg，无刻痕，未包衣，圆形片（直径8mm）	速释设计需符合说明书的描述
处方组成	原料药A、一水乳糖、微晶纤维素、交联羧甲基纤维素钠、滑石粉、硬脂酸镁	药学等效性要求：相同的处方组成
给药途径	口服	药学等效性要求：相同的给药途径
规格和剂量	20mg	药学等效性要求：相同的规格和剂量
药代动力学	速释，t_{max}为2.5h或更短；与对照药A生物等效（空腹和进食条件下，自制样品A与对照药A的AUC比和C_{max}比应在0.9~1.11之间）	生物等效性要求：需确保快速起效和临床有效性
有效期	室温下有效期至少24个月	等于或优于对照药A有效期
药品质量属性	药学等效性要求：符合药典片剂项下及与对照药A相同的质量标准（性状、鉴别、有关物质、溶出度、含量均匀度、残留溶剂、水分、微生物限度和含量）	
包装系统	适合该药品的合格包装系统（高密度聚乙烯瓶，瓶盖有防儿童开启功能）	与对照药A相似，要达到预定有效期，并确保制剂在运输过程中的完整性
给药方式与说明书的一致性	与对照药A类似，服用药片时不必考虑食物的影响	参照对照药A说明书已提供的信息
可以替代的给药方式	无	对照药A说明书中未列出

自制样品A的CQA见表3.2。对于该产品，含量、含量均匀度、溶出度和有关物质被确定为有可能受到处方和（或）工艺变量影响的CQA。因此，在随后的处方和工艺开发与理解中将对这些属性进行详细研究与讨论。另一方面，那些不大可能受处方和（或）工艺变量影响的CQA，包括

鉴别、残留溶剂和微生物限度，将不会进行详细的讨论。然而，这些CQA仍然是QTPP的目标要素，尚需通过良好的质量体系来保证。

表3.2 自制样品A的CQA

药品质量属性	目标	是否为CQA	合理性说明
外观	患者可接受的颜色和形状。未观察到可见缺陷	否	颜色和形状不直接与有效性和安全性相关联。因此,它们不是CQA。设定这个目标是确保患者的依从性
气味	无不良气味	否	通常,气味不直接与有效性和安全性相关联,但气味可影响患者的可接受程度。对于该产品,原料药和辅料均无不良气味,在制剂制备过程中也未使用有机溶剂
大小	与对照药A相似	否	为了达到与对照药A相似的易于吞咽以及患者对药品的顺应性,片剂的大小指标应与对照药A相似
刻痕	无刻痕	否	对照药A为无刻痕片。故仿制药也无刻痕
脆碎度	不超过1.0%	否	脆碎度是片剂的常规检测之一,平均重量损失应不大于1.0%,这个目标值能确保脆碎度对有效性和安全性的影响很低,同时最大程度地减少患者的投诉
鉴别	确定为原料药A	是*	虽然对于有效性和安全性来说,鉴别项是关键指标,但可通过质量体系得到有效控制,并会在药品放行时进行监测。处方和（或）工艺变量不大会影响鉴别项。因此,在产品研发过程中无需对该CQA进行风险评估,也无需进行深入研究
含量	标示量的100%	是	含量变化会影响有效性和安全性。处方和（或）工艺变量可能影响药品的含量。因此,对含量的评价贯穿于产品研发的整个过程中
含量均匀度	符合药典标准	是	含量均匀度变化会影响有效性和安全性。处方和（或）工艺变量会对含量均匀度造成影响。因此,在产品研发的整个过程中都需要对该CQA进行评价
溶出度	在900mL含2.0% SLS的0.1mol/L HCl溶出介质中,采用USP二法,转速为75r/min，30min溶出度不低于80%	是	溶出度不符合标准将影响药品的生物利用度。处方和（或）工艺变量会影响溶出曲线。在产品研发的整个过程中,都需要对该CQA进行研究

续表

药品质量属性	目标	是否为CQA	合理性说明
有关物质	杂质A：不超过0.5%；单个未知杂质：不超过0.2%；总杂质：不超过1.0%	是	有关物质会影响安全性，必须进行控制以减少对患者的影响。杂质A是一种降解产物，其目标值是由临近有效期的对照药A中的含量来确定的。总杂质限度也是基于对对照药A的分析。任何单个未知杂质的目标值基于该药品的ICH鉴定限设定。处方和（或）工艺变量会影响有关物质。因此，在产品研发过程中要对其进行评价
残留溶剂	符合药典标准	是*	残留溶剂会影响安全性。然而，溶剂残留已在原料药A质量标准中进行控制。在制剂制备过程中也没有使用有机溶剂。因此，处方和（或）工艺变量不大可能影响该CQA
水分	不超过4.0%	否	通常，产品的含水量可能导致药品降解和微生物生长，所以可能是一个潜在的CQA。然而，在本实例中，原料药A对水不敏感，GMP车间的相对湿度也不大会影响产品稳定性
微生物限度	符合药典标准	是*	不符合微生物限度将会影响患者的用药安全。然而，在本实例中，原料药A符合药典微生物限度要求，制剂采用干法制粒，微生物生长的风险极低，GMP也能对其进行适当控制。因此，在产品研发过程中不必对该CQA详细研究

*处方和（或）工艺变量不大可能影响到该CQA。因此，该CQA将不会在随后的药品研发部分进行详细研究和讨论。然而，该CQA仍然是药品质量目标要素之一，应进行必要的阐述。

第二节 产品开发和理解

一、处方前研究

（一）对照药A分析与测试

1. 临床应用

对照药A规格为20mg，于2000年获准上市，用于治疗稳定型心绞痛。该药为一种未包衣的无刻痕速释片。对照药A说明书中的每日用量为40mg（即每次一片，一天两次），餐后服用。应整片直接吞服，用温水送服。

2. 药代动力学

对照药 A 口服后吸收良好。t_{max} 约为 2.5h，平均绝对生物利用度约为 40%。半衰期（$t_{1/2}$）约为 6h。

3. 药物溶出

原料药 A 为 BCS Ⅱ类化合物。由于其溶解度低，药物溶出成为吸收的限速步骤。因此，需要对对照药 A 溶出情况进行充分研究。采用美国 FDA 溶出度方法数据库中针对该产品推荐的溶出度测定方法[USP 二法（桨法）]，溶出介质为 900mL 添加了 2.0% SLS 的 0.1mol/L HCl，转速为 75r/min。溶出介质温度保持在(37±0.5)℃，药物浓度通过紫外分光光度法进行测定，检测波长为 282nm。药物溶出也在不同 pH 的溶出介质（pH4.5 乙酸盐缓冲液和 pH6.8 磷酸盐缓冲液）中进行了测定，介质中也添加 2.0%SLS。对照药 A 在不同溶出介质中的溶出度结果见表3.3。结果表明，对照药 A 体外呈快速释放，且基本不受溶出介质 pH 变化的影响。

表3.3　对照药 A 在不同溶出介质中的溶出度（%）

溶出介质	10min	20min	30min	45min	60min
0.1mol/L HCl	72.4	90.2	92.8	92.4	92.6
pH4.5 乙酸盐缓冲液	73.6	90.5	93.6	93.2	93.8
pH6.8 磷酸盐缓冲液	72.9	89.8	92.6	92.8	92.9

4. 理化特性

表3.4 总结了对照药 A 的理化特性，其中包含对杂质 A 在临近有效期产品中的含量测定。

表3.4　对照药 A 理化特性

项目	内容
外观	白色圆形片，带凹印 K 字样
批号	20101101
有效期	2012年11月28日
规格（mg）	20
平均片重（mg）	201.2

续表

项目	内容
刻痕	无
包衣	未包衣
片径（mm）	8.02~8.05
厚度（mm）	2.95~3.08
体积（mm³）	采用图像分析法测量，平均为150.03
硬度（kP）	7.4~10.1
崩解时限（min）	1.4~1.6
崩解观察	快速崩解成细粉
含量（%）	99.7~100.2
有关物质1（%）	未检出
有关物质2：确定为杂质A（%）	0.35~0.38
有关物质3（%）	未检出
有关物质4（%）	未检出
最大未知单个杂质（%）	0.06~0.08

5. 处方组成

根据对照药A说明书、专利文献和对药品的逆向分析，表3.5列出了对照药A的处方组成。其中每种辅料的用量在经验值范围内，均低于美国FDA要求的口服固体制剂中非活性成分的用量。相关信息可从美国FDA的非活性成分数据库中获得。

表3.5 对照药A处方组成

成分	作用	用量（mg）	含量（%）
原料药A，USP	活性成分	20	10
一水乳糖，NF	填充剂	64~86	32~43
微晶纤维素（MCC），NF	填充剂	72~92	36~46
交联羧甲基纤维素钠（CCS），NF	崩解剂	2~10	1~5
硬脂酸镁，NF	润滑剂	2~6	1~3
滑石粉，NF	助流剂	1~10	0.5~5
总重		200	100

（二）原辅料性质和风险评估

1. 原料药A

1）物理性质

（1）性状。最稳定的晶型（Ⅲ型）的性状为：外观：白色至类白色结晶粉末。颗粒形态：如扫描电镜所示的片状晶体形态。粒度分布：批号#2的原料药粒度分布用马尔文粒度分析仪（Malvern Mastersizer）检测，检测结果为 d_{90} = 20μm。

（2）多晶型。截至目前，有3种不同的晶型（Ⅰ、Ⅱ、Ⅲ型）已经被鉴定并有文献报道。这3种晶型系在不同溶剂和结晶条件下制备而成。这3种晶型的溶解度和熔点各不相同。其中晶型Ⅲ最稳定，熔点最高。X射线粉末衍射和差示扫描量热法的数据显示，原料药厂家持续提供的是Ⅲ型结晶体。

为了确定原料药A的晶型稳定性，在小试规模下对自制样品A进行取样研究，以便评估制剂生产工艺是否会影响原料药的晶型。对自制样品A、微晶纤维素、一水乳糖和原料药A进行X射线粉末衍射分析。结果显示，Ⅲ型原料药结晶体的 2θ 特征峰继续出现在自制样品A中。表明制剂制备过程中原料药A的晶型未发生明显的相变。

Ⅲ型结晶体的熔点和特征性 2θ 值被列于原料药A的质量标准中，并作为制剂物料控制策略的一部分。

（3）熔点。约186℃（Ⅲ型）。

（4）溶解度。表3.6结果表明，原料药A为亲脂性化合物，所以水溶性较低（~0.015mg/mL），其溶解度在整个生理pH范围内无明显变化。而且，在含2.0% SLS的0.1mol/L HCl中，其溶解度与在生物相关性介质中的溶解度相似。

表3.6 原料药A（Ⅲ型）的溶解度

测定溶液	溶解度（mg/mL）
生物相关性介质FaSSGF*	0.12
生物相关性介质FaSSIF*	0.18

续表

测定溶液	溶解度（mg/mL）
含1.0%SLS的0.1mol/L HCl	0.075
含2.0%SLS的0.1mol/L HCl	0.15
含3.0%SLS的0.1mol/L HCl	0.3
0.1mol/L HCl	0.015
pH 4.5乙酸盐缓冲液	0.015
pH 6.8磷酸盐缓冲液	0.015

*可参考有关文献[17]。

（5）吸湿性。Ⅲ型结晶体没有吸湿性，在制备、运输或贮存过程中不需要特别的防潮保护。采用蒸气吸附分析仪进行吸湿性研究，温度保持在25℃，相对湿度从10%逐步升高到90%，每个湿度条件下保持150min。研究表明，此原料药没有吸湿性，在90%相对湿度条件下其吸湿增重小于0.2%。

（6）密度与流动性。原料药A（批号#2）检测结果：松密度：0.27g/cm^3，振实密度：0.39g/cm^3，真密度：0.55g/cm^3；豪斯纳（Hausner）比：1.44；流动函数系数（ffc）：2.95；休止角：45°。这些结果表明，Ⅲ型结晶体流动性差。采用粉体流变仪研究该原料药的粘结性，比能检测值为12mJ/g，说明该原料药有粘结性。

2）化学性质

（1）pK_a。原料药A为弱碱性物质，pK_a值为9.2。

（2）化学稳定性。强制条件研究被用来探讨原料药A的杂质谱、降解途径和晶型变化等。此外，强制条件研究获得的数据也用在处方和工艺开发与理解中。设定的强制条件需要使得5%~20%的原料药A发生降解（如果可能的话）。即使由于原料药A的内在稳定性，导致不足5%的降解，也要找到一个有代表性的典型的强制条件。将降解的样品和未降解的样品（对照）进行比较。所用的强制条件和所得结果列于表3.7中。

表 3.7 原料药 A（晶型Ⅲ）在各种强制条件下的稳定性

	含量（%）	有关物质1(%)	有关物质2(%)	有关物质3(%)	有关物质4(%)	晶型
未处理对照	99.4	未检出	未检出	未检出	未检出	晶型Ⅲ
溶液状态						
0.1mol/L HCl（室温，14天）	96.9	未检出	2.3	1.1	未检出	不适用
0.1mol/L NaOH（室温，14天）	97.3	未检出	2.1	0.9	未检出	不适用
3% H_2O_2（室温，7天）	86.7	未检出	9.9	1.3	未检出	不适用
纯化水（室温，14天）	96.8	未检出	1.9	1.2	未检出	不适用
光稳定性（ICH Q1B 选项1）	90.6	未检出	7.5	2.2	未检出	不适用
加热（60℃，24 h）	93.4	未检出	5.2	未检出	未检出	不适用
固体物料						
高湿（敞口容器，90%相对湿度，25℃，7天）	99.4	未检出	0.1	0.1	未检出	无变化
湿热（敞口容器，90%相对湿度，40℃，7天）	99.8	未检出	0.1	0.1	未检出	无变化
湿热（敞口容器，90%相对湿度，60℃，7天）	95.9	未检出	2.7	0.2	未检出	无变化
光稳定性（ICH Q1B 选项1）	95.5	未检出	3.2	1.4	未检出	无变化
干热（60℃，7天）	95.8	未检出	4.3	未检出	0.9	无变化
干热（105℃，96 h）	82.5	未检出	3.9	未检出	13.7	无变化
机械应力（碾压）	99.2	未检出	0.1	0.1	未检出	无变化

样品分析采用的是配备了峰纯度分析仪（光电二极管阵列）的 HPLC。主峰和所监测的有关物质2（杂质 A）、有关物质3（RRT=0.78）及有关物质4（RRT=0.89）的峰纯度均大于0.99。未检测到有关物质1。原料药 A 氧化产生有关物质2，进一步氧化后生成有关物质3。根据以上结果，有关物质2和有关物质3被确定为强制条件下的主要产物。在持续超高温条件下（105℃，96h），有13.7%的有关物质4生成。总的来说，原料药 A 易受干

热、紫外线和氧化降解的影响。此外，在高温、高湿、光照和机械应力等强制条件下晶型Ⅲ是稳定的，未观察到晶型转化。

3）生物学特性

（1）分配系数。Log P 为3.55（25 ℃，pH 6.8）。

（2）细胞渗透率。细胞渗透率为 $34×10^{-6}$ cm/s。参照标准美托洛尔（metoprolol）的Caco-2细胞渗透率是 $20×10^{-6}$ cm/s，原料药A的细胞渗透率高于此值，因此，原料药A是高渗透性化合物。

（3）BCS。根据它在生理pH范围内的溶解度数据（表3.6），原料药A被确定为低溶解性化合物。剂量溶解体积的计算公式如下：

$$20mg（规格）/(0.015mg/mL) = 1333mL > 250mL$$

因此，按照BCS指南，原料药A被确定为BCS Ⅱ类化合物（注：根据药物的水溶性和肠壁渗透性，BCS共分为4类：Ⅰ类为高溶解性和高渗透性；Ⅱ类为低溶解性和高渗透性；Ⅲ类为高溶解性和低渗透性；Ⅳ类为低溶解性和低渗透性）。

4）原料药属性风险评估

本实例在整个研发过程中均采用低、中、高风险分级系统评估相对风险。低：为广泛接受的风险，无需进一步研究。中：风险可接受，可能需要进一步研究以降低风险。高：风险不可接受，需要进一步研究以降低风险。通过以上风险分级评估，确定高风险属性和（或）参数，进而确定需要进行哪些研究，来增加对产品和工艺的理解，建立相应的控制策略。随着对产品和工艺理解的不断加深，初始阶段进行的风险评估得到更新，直至将风险降低至可接受的程度。

对物料（原料药、辅料等）属性的风险评估主要基于物料的理化性质和生物学特性等对产品CQA的影响。对产品CQA有明显影响者，即为高风险属性，需要通过全面理解处方和（或）工艺等一系列活动来降低该风险。

根据原料药A的理化性质和生物学特性，原料药A的每一个属性对自制样品A的CQA影响的风险评估见表3.8。

表3.8 对原料药A属性的风险评估

药品CQA	原料药A属性								
	晶型	粒度分布	吸湿性	溶解度	水分	残留溶剂	工艺杂质	降解产物	流动性
含量	低	中	低	低	低	低	低	高	中
含量均匀度	低	高	低	低	低	低	低	低	高
溶出度	高	高	低	高	低	低	低	低	低
有关物质	中	低	低	低	低	低	低	高	低

表3.9给出了各个属性风险评级的合理性说明。

表3.9 原料药A属性风险评估的合理性说明

原料药A属性	药品CQA	合理性说明
晶型	含量	原料药A的晶型不影响片剂含量和含量均匀度。风险低
	含量均匀度	
	溶出度	不同晶型的原料药溶解性不同，会影响片剂溶出。风险高。Ⅲ型结晶体是最稳定的晶型，而且原料药厂家提供的始终是这种晶型。此外，Ⅲ型结晶体在各种强制条件下不会发生晶型转化。因此，不需要进一步研究晶型对制剂溶出度的影响
	有关物质	不同晶型的原料药可能会有不同的化学稳定性，并可能影响片剂的降解产物。风险为中度
粒度分布	含量	小的粒径和宽的粒度分布会对混合物流动性产生不利影响。在极端情况下，流动性差会导致含量不合格。风险为中度
	含量均匀度	粒度分布对原料药的流动性有直接的影响，最终影响到含量均匀度。由于本实例中原料药是磨碎的，因此风险高
	溶出度	该原料药是BCS Ⅱ类化合物；因此，粒度分布会影响溶出度。风险高
	有关物质	原料药厂家已评估减小粒度对原料药稳定性的影响。磨碎的和未磨碎的原料药具有相似的稳定性。风险低
吸湿性	含量	原料药A没有吸湿性。风险低
	含量均匀度	
	溶出度	
	有关物质	

续表

原料药A属性	药品CQA	合理性说明
溶解度	含量	溶解度不影响片剂含量、含量均匀度和有关物质。风险低
	含量均匀度	
	有关物质	
	溶出度	原料药A的溶解度低并在生理pH范围内恒定（约0.015mg/mL）。原料药溶解性对溶出度有强烈影响。风险高。为满足药学等效性的要求，自制样品A采用的是与原料药相同的弱碱形式。应通过处方和工艺开发与理解降低该风险
水分	含量	水分由原料药质量标准控制（不超过0.3%）。因此，它不大可能影响含量、含量均匀度和溶出度。风险低
	含量均匀度	
	溶出度	
	有关物质	强制条件研究的结果表明，原料药A对水分不敏感。风险低
残留溶剂	含量	残留溶剂由原料药质量标准控制，并符合药典标准。残留溶剂含量在ppm*水平，因此不大可能影响含量、含量均匀度和溶出度。风险低
	含量均匀度	
	溶出度	
	有关物质	残留溶剂与原料药A或常见片剂辅料之间没有已知的不相容性。因此，风险低
工艺杂质	含量	杂质的量由原料药的质量标准控制。杂质限度符合ICH Q3A的要求。在此限度范围内，工艺杂质不大可能影响含量、含量均匀度和溶出度。风险低
	含量均匀度	
	溶出度	
	有关物质	原辅料相容性研究未发现工艺杂质与常见片剂辅料之间的不相容性。风险低
降解产物	含量	原料药对干热、紫外线和氧化降解敏感；因此原料药A的化学稳定性会影响其含量。风险高
	含量均匀度	片剂的含量均匀度主要受混合物流动性和混合均一性的影响，而与原料药的化学稳定性无关。风险低
	溶出度	片剂的溶出度主要受原料药溶解度和粒度分布的影响，而与其化学稳定性无关。风险低
	有关物质	风险高。见含量项下的说明
流动性	含量	原料药A流动性差，在极端情况下，可影响含量，风险为中度
	含量均匀度	原料药A流动性差，可导致片剂含量均匀度差。风险高
	溶出度	原料药A的流动性和溶出度无关。因此，风险低
	有关物质	原料药A的流动性和有关物质无关。因此，风险低

*1ppm=1×10^{-6}。

2. 辅料

药用辅料是制剂中除主药外其他物料的总称，是制剂的重要组成部分。辅料理化性质（如相对分子质量及其分布、取代度、黏度、性状、粒度及其分布、流动性、水分、pH）等的变化会影响制剂的CQA。例如，填充剂的粒度和密度变化可能对口服固体制剂的含量均匀度产生明显影响；缓释制剂中使用的高分子材料的相对分子质量或黏度变化，可能对药物释放行为产生显著影响。因此，对可能影响制剂CQA的辅料属性应仔细分析和评估。本实例中，辅料选择的依据包括对照药A所用的辅料、原辅料相容性研究和之前获批的使用干法制粒药品中使用的辅料等。

通过对辅料和原料药按1∶1混合的二元混合物的HPLC分析，对原辅料相容性进行了研究。样品在25℃，60%相对湿度和40℃，75%相对湿度条件下，分别在敞口和密闭容器中放置1个月。在原辅料相容性研究中对一些常用作填充剂、崩解剂和润滑剂的辅料进行了评价。部分结果归纳于表3.10。除硬脂酸镁外，所选辅料没有引起原料药含量降低或检测到降解产物，表明没有不相容的情况。在40℃，75%相对湿度条件下发现硬脂酸镁和原料药会发生相互作用。这种相互作用导致原料药A含量降低。这种相互作用的机理是由于硬脂酸的参与而生成了硬脂酸镁——原料药A加合物。

为了进一步评价这一相互作用是否可导致制剂中原料药不稳定，进行了额外的相互作用研究。研究中制备了几种不同的原料药和辅料的混合物。研究只选用对照药A处方中使用的辅料类型。第一种混合物由药物和所有辅料按成品的比例混合。在随后的混合物中，每次逐一剔除一种辅料。这些混合物在25℃，60%相对湿度和40℃，75%相对湿度条件下，分别在敞口和密闭容器中放置1个月。表3.10给出了部分结果。在40℃，75%相对湿度或25℃，60%相对湿度条件下，没有在任何一种混合物中观察到原料药的含量变化。

表3.10 原辅料相容性研究结果*

混合物	含量（%）	有关物质（%）
一水乳糖/原料药（1:1）	99.8	未检出
无水乳糖/原料药（1:1）	99.6	未检出
MCC/原料药（1:1）	98.5	未检出
磷酸氢钙/原料药（1:1）	99.3	未检出
甘露醇/原料药（1:1）	101.1	未检出
预胶化淀粉/原料药（1:1）	100.5	未检出
CCS/原料药（1:1）	99.7	未检出
交联聚乙烯吡咯烷酮/原料药（1:1）	99.3	未检出
羟基乙酸淀粉钠/原料药（1:1）	98.8	未检出
滑石粉/原料药（1:1）	99.5	未检出
硬脂酸镁/原料药（1:1）	95.2	加合物：4.5
所有辅料	99.4	未检出
除一水乳糖外的所有辅料	99.2	未检出
除MCC外的所有辅料	99.8	未检出
除CCS外的所有辅料	99.9	未检出
除滑石粉外的所有辅料	99.4	未检出
除硬脂酸镁外的所有辅料	99.6	未检出

*实验条件：40℃，75%相对湿度，敞口容器中放置1个月。

总之，除了二元混合物研究中已知的硬脂酸镁和原料药的相互作用外，所选辅料没有出现不相容性。因此，硬脂酸镁仍然被选作辅料，但是仅限于颗粒外加入以减少硬脂酸镁和原料药的接触。有关物质检查方法能鉴别并定量检测出加合物。此加合物的水平需低于对单个未知杂质的限度要求（不超过0.2%）。长期稳定性研究中将监测加合物的水平。

根据上述原辅料相容性的研究结果，自制样品A的研发采用了与对照药A处方相同的辅料。辅料等级和供应商的选择是基于以往的处方经验以及对表3.11所示的已上市药品所用辅料的了解。这些已上市的仿制药都采用了干法制粒工艺。后续的处方开发和理解中将研究处方中辅料的用量。

表3.11 辅料类型、等级与供应商的选择

辅料	供应商	等级	同样辅料用于干法制粒工艺的已获批仿制药
一水乳糖	A	A01	仿制药1，仿制药2
MCC	B	B02	仿制药1，仿制药2
CCS	C	C03	仿制药1
滑石粉	D	D04	仿制药1
硬脂酸镁	E	E05	仿制药1，仿制药2

MCC和一水乳糖，约占处方的80%，是干法制粒处方中常用的填充剂，因为它们表现出适宜的流动性和可压性，二者可单独使用，也可合并使用。不同级别的粒度分布有可能影响药品的含量均匀度。因此，除药典上规定的检测项目外，这两个主要辅料的内控标准中还增加了对粒度分布的控制：一水乳糖 d_{50}：70~100μm，MCC d_{50}：80~140μm，并作为制剂物料控制策略的一部分。粒度分布在这些范围内的物料被用于所有进一步的处方和工艺开发与理解。

1）一水乳糖

一水乳糖通常被用作填充剂。乳糖可能含有的杂质为三聚氰胺和醛类化合物。供应商证实该乳糖不含三聚氰胺，并提供了TSE/BSE适用性证明。在已获得批准的仿制药1和仿制药2中，供应商A提供的A01级一水乳糖已被成功用于干法制粒中，所以该实例也选用了同样的等级和供应商。当与MCC合并使用时，所选的等级具有可接受的流动性和可压性。

2）MCC

MCC是广泛用于干法制粒工艺中的填充剂。并非所有等级的MCC均适用于干法制粒工艺。在已获得批准的仿制药1和仿制药2中，供应商B的B02级MCC与一水乳糖结合使用时已被证明具有合适的流动性和可压性，因此该实例也选用同样的等级和供应商。

3）CCS

原料药A是BCS Ⅱ类药物，因此迅速崩解才能确保获得最大的生物利用度。作为超级崩解剂，CCS有吸湿的特性。在与水接触时，它会迅速膨

胀到原来体积的4~8倍。该实例选用了供应商C提供的C03级。

4）滑石粉

滑石粉在处方中用于颗粒内以及颗粒外的助流剂。用于颗粒内的滑石粉可以防止在干法制粒工艺中粘辊。由于硬脂酸镁和原料药A之间的相互作用，滑石粉还用于颗粒外以减少硬脂酸镁的用量。该实例选用供应商D提供的D04级。

5）硬脂酸镁

硬脂酸镁为最常用的润滑剂。由于该辅料与原料药A相互作用形成加合物，故它仅限于外加。本实例选用供应商E提供的植物来源E05级。

（三）包材选择

对照药A的包装选择白色不透明高密度聚乙烯（HDPE）瓶，并带感应密封垫圈和儿童安全盖。自制样品A与之包装相同。药瓶包装详情汇总于表3.12。现有资料支持自制样品A所选择的商业包装，此包装具有充分遮光、防热、防氧化和防潮等特性，适合其特定用途。

表3.12 自制样品A包装形式

包装	HDPE瓶	瓶盖
30片/瓶	40cm^3	33mm白色儿童安全盖带纸浆衬垫
90片/瓶	60cm^3	38mm白色儿童安全盖带纸浆衬垫

（四）处方变量初始风险评估

对于处方变量的风险评估，先要确定与处方关系最为密切的制剂CQA；随后要评估最有可能导致制剂CQA不合格的处方变量，再对这些处方变量进行研究，以更好地理解处方，并最终确定处方。例如，含量均匀度和溶出度是与处方关系最为密切的片剂CQA。因为处方中原料药粒度分布和MCC/乳糖比这两个变量与制剂的含量均匀度直接相关，最有可能引起片剂含量均匀度不合格。而处方中原料药粒度分布、CCS用量和硬脂酸镁用量这3个变量与片剂的溶出度直接相关，最有可能引起片剂溶出度不合格。因此，要对这些高风险处方变量采用DoE等进行研究，增加对这些变量的理解，使其风险程度得以降低，最后风险评估得到更新，并确定最终处方。这种从物料属性中寻找高风险处方变量并进行进一步研究的方法与表3.29所示的从物料属性和工艺参数中寻找高风险变量并进行进一步研究的方法十分相似。值得注意的是，在对处方变量进行风险评估时，具体的生产工艺还未建立，故假设任何一个处方变量的改变都对应于优化的生产工艺。处方变量初始风险评估结果见表3.13，风险分级的合理性说明见表3.14。

表3.13 处方变量初始风险评估

药品CQA	处方变量				
	原料药粒度分布	MCC/乳糖比	CCS用量	滑石粉用量	硬脂酸镁用量
含量	中	中	低	低	低
含量均匀度	高	高	低	低	低
溶出度	高	中	高	低	高
有关物质	低	低	低	低	中

表3.14 处方变量初始风险评估合理性说明

处方变量	药品CQA	合理性说明
原料药粒度分布	含量	参见表3.9对"粒度分布"的说明
	含量均匀度	
	溶出度	
	有关物质	
MCC/乳糖比	含量均匀度	MCC/乳糖比会影响混粉的流动性，进而影响药片的含量均匀度，风险高
	含量	有时，含量均匀度差也会负面影响含量。风险为中度
	溶出度	MCC/乳糖比能通过影响药片的硬度来影响溶出度，但是硬度可在压片过程中控制。中度风险
	有关物质	因为MCC和乳糖均与原料药相容，所以不会导致药物降解，风险低

续表

处方变量	药品CQA	合理性说明
CCS用量	含量	因为只用到很少量的CCS,对流动性的影响很小,所以不大可能影响含量。风险低
	含量均匀度	因为只用到很少量的CCS,对流动性的影响很小,所以不大可能影响含量均匀度。风险低
	溶出度	CCS用量会影响崩解时限,最终会影响溶出度。由于实现快速崩解对BCSⅡ类化合物很重要,所以风险高
	有关物质	CCS与原料药相容,不会导致药品降解。因此,风险低
滑石粉用量	含量	滑石粉一般能提高混料的流动性。滑石粉用量少,所以不大可能影响含量。风险低
	含量均匀度	滑石粉一般能提高混料的流动性。滑石粉用量少,所以不大可能影响含量均匀度。风险低
	溶出度	与硬脂酸镁相比,滑石粉对崩解和溶出的影响较小。因为处方中使用的滑石粉量少,所以不大会影响溶出度。风险低
	有关物质	滑石粉与原料药相容,不会导致药品降解。风险低
硬脂酸镁用量	含量	由于处方中硬脂酸镁用量少,对混料流动性影响很小,所以不大可能影响含量。风险低
	含量均匀度	由于处方中硬脂酸镁用量少,对混料流动性影响很小,所以不大可能影响含量均匀度。风险低
	溶出度	润滑剂过量引起的过度润滑会延缓溶出。风险高
	有关物质	尽管在二元混合物(硬脂酸镁/原料药,1:1)相容性研究中,硬脂酸镁与原料药会形成一种加合物,但是相互作用研究结果显示:当使用的硬脂酸镁在药品组分的用量水平(硬脂酸镁/原料药为1:10)时,加合物形成可忽略不计。因此,风险为中度

二、处方开发和理解

(一) 处方开发和理解1:原料药A粒度分布和内加辅料用量的影响

1. 研究设计

因原料药A属于BCSⅡ类化合物,较大的粒径可显著降低溶出度,并对其在体内释药性能产生不利影响。为此,本研究中,选择具有不同粒度分布的原料药用于处方研究，最终目的是通过一个人体生物等效预试验来检验不同粒度原料药的处方，以确定用于商业化生产的原料药粒度分布。本研究中，d_{90}用于描述原料药A的粒度分布，根据先前知识和不同粒径原料药A实际来源情况等，选择d_{90}为10μm、20μm、30μm和45μm这4批粒度分布的原料药A来进行研究。这4批原料药A（批号#1~批号#4）的物理性质和流动性评估结果归纳于表3.15中。

表3.15 用于处方开发和理解的原料药A批次和物理性质

物理性质	数据解读	批号#1	批号#2	批号#3	批号#4
d_{90}（μm）	—	10	20	30	45
松密度（g/cm³）	—	0.26	0.27	0.28	0.29
振实密度（g/cm³）	—	0.41	0.39	0.39	0.38
流动函数系数（ffc）	ffc＜3.5 流动性差 3.5≤ffc＜5.0 临界流动性 5.0≤ffc＜8.0 流动性良好 ffc≥8.0 流动性极好	2.88	2.95	3.17	3.21
豪斯纳比	＜1.25 流动性好	1.58	1.44	1.39	1.31
比能（mJ/g）	5＜比能＜10 中等黏着力 ≥10 高黏着力	13	12	10	8

由于原料药A流动性差，所以排除采用高载药量处方的可能性。根据对照药A说明书、规格和片重，自制样品A处方的载药量与对照药A相当，设定为10%。

用于处方开发和理解的MCC/乳糖比是基于以往已获得批准的使用干法制粒的产品（仿制药1和仿制药2）的经验所选定的。MCC/乳糖比被转换为一个连续性数值变量，也就是MCC在MCC/乳糖双填充剂组合中的百分比。因此，33.3%、50.0%和66.7%的百分比分别对应于1：2、1：1和2：1的MCC/乳糖比。

崩解剂（CCS）考察的用量在1%到5%之间。这些数值与对照药A处方估计的用量一致,并且在《药用辅料手册》(*Handbook of Pharmaceutical Excipients*, IL: RPS Publishing, 2009, 6th Edition,下同)推荐的使用范围内。

在"处方开发和理解1"研究中,内加和外加滑石粉用量均设定为2.5%。外加硬脂酸镁用量设定为1%。滑石粉和硬脂酸镁用量与观察到的对照药A处方用量一致,并符合《药用辅料手册》推荐范围。

片重恒定为200.0mg,通过调整填充剂用量达到目标片重。

处方开发和理解用到的设备及固定的工艺参数如表3.16。

表3.16 处方开发和理解中用到的设备和固定的工艺参数

工艺步骤	主要设备及工艺参数
预混	4.4 L V型混合机 250转混合(25r/min, 10min)
干法制粒和整粒	辊宽25 mm和辊径120mm干法制粒机 辊面:滚花 辊压:50bar 辊隙:2mm 辊速:8r/min 整粒速度:60r/min 粗筛筛目孔径:2.0mm 整粒筛目孔径:1.0mm
终混	4.4 L V型混合机 100转颗粒和滑石粉混合(25r/min, 4min) 75转颗粒和硬脂酸镁混合(25r/min, 3min)
压片	16冲旋转式压片机(使用2个冲头) 8mm标准圆形凹模 压片速度:20r/min 预压片力:1kN 压片力:5~15kN

"处方开发和理解1"的目的是选择MCC/乳糖比和崩解剂用量,并了解这些变量是否和原料药粒度分布有相互影响。该研究也寻求建立处方的可靠性。因此,采用2^3全析因DoE研究这3个处方变量对表3.17所列因变量的

影响。

表3.17总结了研发中考察的因子水平和因变量。将混粉在多个压片力下压片来获取压片力曲线。使用该曲线，调整压片力以得到具有目标硬度的片剂，进行崩解和溶出度测定。之所以选择12.0kP作为目标片剂硬度（允许在11.0~13.0kP范围）来考察处方变量对崩解和溶出的影响，是因为高硬度将会使得崩解和溶出变差。使用环剪仪测量干法制粒前混粉ffc（Y_5）。使用表3.15所列原则来评价混粉的相对流动性。

表3.17 采用2^3全析因DoE研究内加辅料和原料药粒度分布

因子	处方变量	水平		
		−1	0	+1
A	原料药粒度分布（d_{90}）（μm）	10	20	30
B	崩解剂（%）	1	3	5
C	MCC/乳糖组合中MCC的百分比	33.3	50.0	66.7
因变量	考察指标	目标	可接受范围	
Y_1	30min溶出度（硬度12.0kP）（%）	最大化	≥80	
Y_2	崩解时限（硬度12.0kP）（min）	最小化	<5	
Y_3	片剂含量均匀度（RSD）（%）	最小化	<5	
Y_4	含量（%）	目标为100	95.0~105.0	
Y_5	ffc	最大化	>6	
Y_6	5kN时片剂硬度（kP）	最大化	>5.0	
Y_7	10kN时片剂硬度（kP）	最大化	>9.0	
Y_8	15kN时片剂硬度（kP）	最大化	>12.0	
Y_9	5kN时脆碎度（%）	最小化	<1.0	
Y_{10}	10kN时脆碎度（%）	最小化	<1.0	
Y_{11}	15kN时脆碎度（%）	最小化	<1.0	
Y_{12}	有关物质（40℃，75%相对湿度，放置3个月）（%）	最小化	杂质A：不超过0.5；单一未知杂质：不超过0.2；总杂质：不超过1.0	

2. 结果和分析

以 10kN 压片时，溶出度、含量均匀度、混粉 ffc 和片剂硬度的实验结果（以上分别对应因变量 Y_1、Y_3、Y_5 和 Y_7，其他的因变量未列在表中）见表 3.18。

表3.18　内加辅料和原料药粒度分布的实验结果

批号	A 原料药粒度分布 (d_{90})（μm）	B 崩解剂用量 (%)	C MCC/乳糖组合中MCC百分比	Y_1 30min 溶出度 (%)	Y_3 含量均匀度 (RSD) (%)	Y_5 ffc	Y_7 10kN时片剂硬度 (kP)
1	30	1	66.7	76.0	3.8	7.57	12.5
2	30	5	66.7	84.0	4.1	7.25	13.2
3	20	3	50.0	91.0	4.0	6.62	10.6
4	20	3	50.0	89.4	3.9	6.66	10.9
5	30	1	33.3	77.1	2.9	8.46	8.4
6	10	5	66.7	99.0	5.1	4.77	12.9
7	10	1	66.7	99.0	5.0	4.97	13.5
8	20	3	50.0	92.0	4.1	6.46	11.3
9	30	5	33.3	86.2	3.2	8.47	8.6
10	10	1	33.3	99.5	4.1	6.16	9.1
11	10	5	33.3	98.7	4.2	6.09	9.0

采用 Minitab 16 软件进行 DoE 数据分析。主要步骤包括拟合模型及模型分析、进行残差诊断、判断模型是否需要改进、对选定模型分析解释以及进行验证实验等，具体见表 3.19。

表3.19　采用 Minitab 16 软件进行 DoE 数据分析的主要步骤

主要步骤	结果主要呈现形式
第1步：浏览数据	【1】图形化汇总；【2】散点图；【3】包括中心点的散点图
第2步：拟合模型	【1】标准化效应的帕累托（Pareto）图；【2】标准化效应的正态图；【3】ANOVA表
第3步：简化模型	更新的 ANOVA 表

续表

主要步骤	结果主要呈现形式
第4步：残差分析	【1】"四合一"图*；[2]残差对于以各自变量为横轴的散点图
第5步：选定模型	回归方程
第6步：解释模型	【1】主效应图和（或）交互作用图；【2】等高线图和(或)响应面图；【3】等高线重叠图

*"四合一"图：正态概率图；直方图；残差对于以响应变量拟合值为横轴的散点图（简称与拟合值图）；残差对于以观测值顺序为横轴的散点图（简称与顺序图）。

现通过Minitab 16软件分析处方变量对产品质量属性的影响，并得到以下结果。

1）对片剂溶出度的影响

ANOVA分析结果见表3.20。从表中可以看出，影响片剂溶出度的显著因子有 A（原料药粒度分布）、B（崩解剂用量）以及 AB（原料药粒度分布与崩解剂用量的交互作用）。

表3.20 处方变量影响溶出度的ANOVA结果（简化模型）

方差来源	平方和	自由度	均方	F值	P值	说明
模型	702.59	2	351.29	312.17	<0.0001	显著
A（原料药粒度分布，d_{90}）(μm)	669.78	1	669.78	595.19	<0.0001	显著
B（崩解剂）(%)	32.81	1	32.81	29.15	0.001	
AB（交互作用）	39.61	1	39.61	35.19	0.001	
曲率效应	1.77	1	1.77	1.74	0.236	不显著
残差	7.88	7	1.13	—	—	—
纯误差	6.11	6	1.02	—	—	—
合计	750.07	10	—	—	—	—

半正态概率图和等高线图（均未给出）分析进一步表明，随原料药粒度分布增加，溶出度降低（负相关）。另一方面，随崩解剂用量的增加，溶

出度上升（正相关）。原料药粒度较大时，崩解剂用量对于溶出度的影响比原料药粒度较小时更大。

2) 对片剂崩解时限的影响

崩解剂用量是唯一影响片剂崩解的具有统计学意义的显著因子。然而，所有的批次均在 4 min 内快速崩解。

3) 对片剂含量的影响

所有批次的含量（分布在 98.3%~101.2% 的范围内）均在规定限度（95.0%~105.0%）之内，都是可以接受的，没有因子对片剂含量有显著的影响。

4) 对片剂含量均匀度的影响

半正态概率图分析结果见图 3.2。从图中可以看出，影响片剂含量均匀度的显著因子有 A（原料药粒度分布）和 C（MCC 在 MCC/乳糖组合中的百分比）。

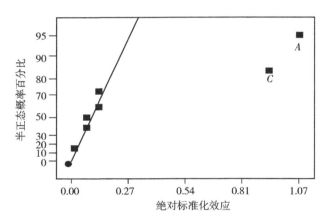

图 3.2 处方变量影响片剂含量均匀度的半正态概率图

A 为原料药粒度分布（d_{90}）（μm），B 为崩解剂（%），C 为 MCC 在 MCC/乳糖组合中的百分比。

随着原料药粒度分布的增大，RSD 减小（负相关）。另一方面，随着 MCC 在 MCC 与乳糖组合中百分比的上升，RSD 增大（正相关），可能是因为 MCC 的纤维状颗粒流动性不如乳糖的球形颗粒好的缘故。

5) 对混粉流动性的影响

采用环剪仪测定预混工艺中得到的每份混粉的流动性；然后记录每份样品的ffc。从半正态概率图（图3.3）中可以看出，影响混粉流动性的显著因子有 A（原料药粒度分布）和 C（MCC在MCC/乳糖组合中的百分比）。随着原料药粒度分布的增大，混粉流动性增加（正相关）。随着MCC在MCC/乳糖组合中百分比的增加，混粉流动性减小（负相关）。

6) 对片剂硬度的影响

图3.4结果表明，当使用10kN的压片力时，唯一影响片剂硬度的显著因子是 C（MCC在MCC/乳糖组合中的百分比）。在使用5kN和15kN的压片力压片时也观察到类似的结果（未给出数据）。在一定的压片力下，片剂的硬度随着MCC在MCC/乳糖组合中百分比的增加而增大（正相关）。

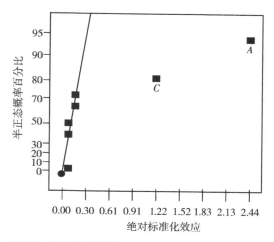

图3.3 处方变量影响混粉流动性的半正态概率图

A为原料药粒度分布（d_{90}）（μm），B为崩解剂（%），C为MCC在MCC/乳糖组合中的百分比。

7) 对片剂脆碎度的影响

在5kN、10kN以及15kN压片力下压制的所有片剂都表现出很好的脆碎度（片剂硬度在5.0~12.0kP范围内，重量减少小于0.2%），3个处方变量在所研究范围内对片剂脆碎度未产生具有统计学意义的影响。

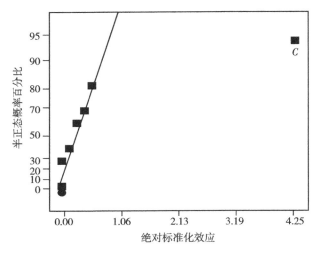

图3.4 处方变量影响10kN压片力下片剂硬度的半正态概率图

A为原料药粒度分布（d_{90}）（μm），B为崩解剂（%），C为MCC在MCC/乳糖组合中的百分比。

8）对片剂稳定性的影响

所有的实验批都装在敞口容器内，在40℃，75%相对湿度条件下放置3个月，对这些样品定期取样和分析。降解产物杂质A、单个未知杂质以及总杂质的量均在各自的规定限度（分别为0.5%、0.2%和1.0%）以下。所有处方变量均没有对片剂稳定性表现出具有统计学意义的影响。

3. 实验小结

（1）原料药A的粒度分布对片剂溶出度、含量均匀度以及混粉流动性有显著影响。较小的原料药粒度分布可增加溶出度，但会对片剂的含量均匀度以及混粉流动性产生负面影响。

（2）由于其与原料药粒度分布的交互作用，崩解剂用量对片剂的溶出度有显著影响。原料药粒度分布越大，崩解剂用量对溶出度的影响就越大。为了适应最大可能的原料药粒度分布，同时也为了避免溶出失败，在初步确定的处方中使用5% CCS。

（3）MCC与乳糖组合中MCC的百分比对混粉流动性、片剂含量均匀度以及片剂硬度均有显著影响。增加MCC百分比可以增加片剂的硬度，但会降低混粉流动性,还会对片剂的含量均匀度产生负面影响(RSD增大)。为了平衡混粉流动性和片剂硬度,在初步确定的处方中,MCC在MCC与乳糖组合中的百分比选定为50%(即1:1)。

(4)在处方开发和理解中使用固定的生产工艺时,d_{90}小于14μm的颗粒由于其流动性不好,会导致片剂含量均匀度不合格。因此,在后续预混工艺的开发与理解时尚需对原料药粒度分布做进一步研究。

(5)"处方开发和理解1"的结论是初步确定了内加辅料的用量,如表3.21所示。外加助流剂和润滑剂的用量将在"处方开发和理解2"中做进一步考察。

表3.21 自制样品A的初定处方组成

成分	作用	组成	
		(mg/片)	(%)
原料药A	活性成分	20.0	10.0
内加辅料			
一水乳糖	填充剂	79.0	39.5
MCC	填充剂	79.0	39.5
CCS	崩解剂	10.0	5.0
滑石粉	助流剂	5.0	2.5
外加辅料			
硬脂酸镁	润滑剂	2.0	1.0*
滑石粉	助流剂	5.0	2.5*
总重		200.0	100.0

*将在"处方开发和理解2"中对该数值进行考察。

等高线重叠图如图3.5所示。

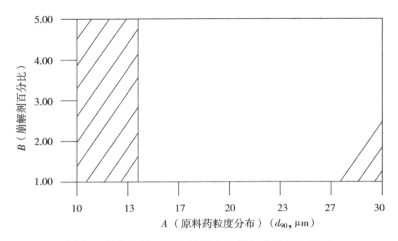

图3.5 处方变量对因变量影响的等高线重叠示意图

□：所有因变量都符合预设标准。
▨：一个或多个因变量不符合预设标准。
实际因子 C 为 MCC 在 MCC/乳糖组合中的百分比，等于 50%。

（二）处方开发和理解2：外加辅料用量的影响

1. 研究设计

基于"处方开发和理解1"的结果，内加辅料用量得以初步确定。然而，在原辅料相容性研究中发现，硬脂酸镁与原料药 A 会产生加合物。本研究的目标是找出压片所需的外加硬脂酸镁的最小用量，以及评估能否用增加滑石粉的用量来弥补硬脂酸镁用量的不足。

在"处方开发和理解1"中采用的外加硬脂酸镁用量为1.0%。《药用辅料手册》中推荐的最小用量为0.25%。因此，外加硬脂酸镁用量的研究范围确定为0.3%~0.9%。在保持外加助流剂和润滑剂总量为3.5%的条件下，对滑石粉用量做出相应调整。

表3.22归纳总结了所研究的因子水平与因变量。

表3.22 外加硬脂酸镁和滑石粉研究设计

因子	外加辅料	水平		
		−1	0	+1
A	硬脂酸镁（%）	0.3	0.6	0.9
B	滑石粉（%）	3.2	2.9	2.6

续表

因变量	考察指标	目标	可接受范围
Y_1	片剂外观	外观缺陷最小化	外观光滑，表面平整，侧面无条纹
Y_2	压片机冲模外观	粘冲粘模最小化	外观光滑，无粘冲粘模迹象
Y_3	10kN压片力时推片力（N）	最小化	<150
Y_4	10kN压片力时片剂硬度（kP）	最大化	>9.0
Y_5	30min溶出度（目标硬度为12.0kP）（%）	最大化	≥80
Y_6	药片含量均匀度（RSD）（%）	最小化	<5

使用表3.16所列的干法制粒工艺参数生产一批5kg批量的颗粒，所用处方如表3.21所示。制得的颗粒随后分为6个小批，按照表3.23所示，往各小批中分别加入不同量的硬脂酸镁和滑石粉。终混压片，压片力为10kN。

2. 结果和分析

固定压片力（10kN）下的片剂外观、冲模外观、推片力和片剂硬度（分别对应因变量 Y_1、Y_2、Y_3、Y_4，其他的因变量未列出）的实验结果见表3.23。

表3.23 外加硬脂酸镁和滑石粉实验结果

批号	混合组分		因变量			
	硬脂酸镁用量（%）	滑石粉用量（%）	片剂外观*	冲模外观	10kN时推片力（N）	10kN时片剂硬度（kP）
12	0.3	3.2	差	有明显的粘冲粘模迹象	432	12.4
13	0.3	3.2	差		448	12.3
14	0.9	2.6	可接受	外观光滑，无粘冲粘模迹象	91	11.2
15	0.6	2.9	可接受		115	12.0
16	0.6	2.9	可接受		130	11.7
17	0.9	2.6	可接受		100	11.3

*差为外观欠光滑，药片表面不平整或侧面有条纹；可接受为外观光滑，表面平整，侧面无条纹。

1）对片剂和冲模外观的影响

当硬脂酸镁用量为0.3%时，可观察到明显的粘冲粘模、侧面条纹等与压片力相关的问题。当硬脂酸镁用量为0.6%或者更高时，片剂外观光滑并且没有粘冲粘模迹象。

2）对推片力的影响

从表3.23可以看出，硬脂酸镁用量为0.3%时，推片力显著增加。然而，一旦硬脂酸镁用量在0.6%~0.9%范围内变化时，它对推片力的影响就可忽略不计。

3）对片剂硬度的影响

结果见表3.23。当压片力固定为10kN时，片剂硬度随硬脂酸镁用量的增加而降低。

4）对溶出度和含量均匀度的影响

所有药片的溶出度均处在可接受范围内（30min溶出>85%）。每批药片的RSD都小于3%，所以含量均匀度也不成问题。因此，在所研究的范围内，硬脂酸镁和滑石粉对片剂的溶出度和含量均匀度没有显著的影响。

3. 实验小结

根据上述结果，并依据外加硬脂酸镁的用量尽可能少的原则，外加硬脂酸镁和滑石粉的用量分别选定为0.6%和2.9%。

（三）处方开发和理解结论

通过"处方开发和理解1"和"处方开发和理解2"确定了处方的最终组成。MCC/乳糖比及崩解剂用量在"处方开发和理解1"中确定。"处方开发和理解2"的结论是处方中必须使用最低量的硬脂酸镁来避免粘冲，同时使用滑石粉以减少硬脂酸镁的用量。最终处方列在表3.24中。

表3.24 自制样品A最终处方组成

成分	作用	组成 (mg/片)	(%)
原料药A	活性成分	20.0	10.0
内加辅料			
一水乳糖	填充剂	79.0	39.5
MCC	填充剂	79.0	39.5
CCS	崩解剂	10.0	5.0
滑石粉	助流剂	5.0	2.5
外加辅料			
硬脂酸镁	润滑剂	1.2	0.6
滑石粉	助流剂	5.8	2.9
总重		200.0	100.0

（四）人体生物等效预试验

对于难溶性药物，人体生物等效预试验非常重要，因为它可证明使用的体外溶出度测定方法是否合适，支持对原料药粒度分布的控制，了解体外溶出度和体内释药行为之间的关系。

处方开发和理解中确定了原料药粒度分布是影响药品溶出度的最重要因素。为了解原料药粒度分布与体内释药行为之间潜在的关联性，并确定可能具有生物等效性的原料药粒度分布限度的上限，在6例健康受试者中进行了生物等效预试验。

用于生产三批自制样品A的处方及其组成见表3.24。它们之间唯一的差别在于原料药粒度分布。这三批样品的生产批号分别是#18，#19，#20，所对应的原料药批号分别为#2、#3和#4，原料药d_{90}分别为20μm、30μm和45μm。

药代动力学实验结果见表3.25。

表3.25 从人体生物等效预试验中获得的药代动力学参数

药动学参数	原料药批号#2 (d_{90}为20μm)	原料药批号#3 (d_{90}为30μm)	原料药批号#4 (d_{90}为45μm)	对照药A批号 20101101
	制剂批号#18	制剂批号#19	制剂批号#20	—
$AUC_{0-\infty}$ (ng/mL·h)	2154.0	2070.7	1814.6	2095.3
AUC_{0-24} (ng/mL·h)	1992.8	1910.6	1668.0	1934.5
C_{max} (ng/mL)	208.55	191.07	158.69	195.89
t_{max} (h)	2.12	2.54	3.06	2.55
$t_{1/2}$ (h)	6.1	6.0	6.2	6.3

通常认为,当两个药品的C_{max}平均值或AUC平均值相差大于12%时,它们不大可能满足80%~125%的生物等效性限度。因此,对平均粒度的一般要求是:受试药品和参照药品的平均粒度差异所引起的这两个药品的C_{max}比值和AUC比值应该在0.9~1.11之间[18]。从表3.26的统计结果可以看出,在本研究中,根据自制样品A和对照药A的AUC比值和C_{max}比值的计算,粒度分布d_{90}为30μm或更小的原料药制备的自制样品A显示与对照药A相似的体内释药行为;粒度分布d_{90}为45μm的原料药制备的自制样品A则不符合预先设定标准,也就是自制样品A和对照药A的C_{max}比值和AUC比值均不在0.9~1.11之间。

用美国FDA推荐的方法测定30 min药物溶出百分比。表3.26结果表明,此种方法可用来区分采用不同粒度分布的原料药A生产的自制样品A及其体内释药行为。

表3.26 自制样品A体内释药与体外溶出的结果比较

组别	自制样品A与对照药A药动学参数比值			30min溶出度 (%)
	AUC_{0-24}比值	$AUC_{0-\infty}$比值	C_{max}比值	
自制样品A批号#18 (原料药d_{90}=20μm)	1.030	1.028	1.065	90.5
自制样品A批号#19 (原料药d_{90}=30μm)	0.988	0.988	0.975	80.8

续表

组别	自制样品A与对照药A药动学参数比值			30min溶出度（%）
	AUC_{0-24}比值	$AUC_{0-\infty}$比值	C_{max}比值	
自制样品A批号#20（原料药d_{90}=45μm）	0.862	0.866	0.810	60.3

（五） 处方变量风险评估更新

确定了高风险处方变量的可接受范围，并将它们纳入控制策略之中。表3.27总结了处方变量风险评估更新，并在表3.28中给出了合理性说明。

表3.27 处方变量风险评估更新

药品CQA	处方变量			
	原料药粒度分布	MCC/乳糖比	CCS用量	硬脂酸镁用量
含量	低	低	低*	低*
含量均匀度	低	低	低*	低*
溶出度	低	低	低	低
有关物质	低*	低*	低*	低

*与初始风险评估相比，风险水平未降低。

表3.28 处方变量风险降低的合理性说明

处方变量	药品CQA	合理性说明
原料药粒度分布	含量	所有片剂均显示可接受的含量。风险从中度降至低
	含量均匀度	通过使用干法制粒工艺、低载药量和具有良好流动性的填充剂，原料药的流动性差得以减轻。风险从高降至低
	溶出度	通过控制原料药粒度分布和优化内加超级崩解剂，风险从高降至低
MCC/乳糖比	含量和含量均匀度	通过优化MCC/乳糖比和采用干法制粒工艺，风险从高或中度降至低
	溶出度	选用的MCC/乳糖比所生产的片剂在较宽的硬度范围内（5.0~12.0kP）均具有可接受的脆碎度和可接受的溶出度（30min溶出85%以上）。风险从中度降至低

续表

处方变量	药品CQA	合理性说明
CCS用量	溶出度	所有的片剂均快速崩解，风险从高降至低
硬脂酸镁用量	溶出度	通过优化外加硬脂酸镁用量，风险从高降至低
	有关物质	只外加硬脂酸镁，并利用外加滑石粉来最大程度减少所需硬脂酸镁用量，使得风险从中度降至低，稳定性数据进一步证明产品是稳定的

第三节 工艺开发和理解

最初，在实验室小试规模（1.0kg）对混料采用直接压片的方式。但发现混料均一性差（RSD高于6%），制剂含量均匀度RSD更高。因此，对于自制样品A未采用直接压片工艺。

根据强制条件研究结果，在干燥过程中原料药有发生受热降解的可能，因此排除湿法制粒工艺。为避免造成环境污染，用有机溶剂湿法制粒也被排除。采用干法制粒时，原辅料的混粉在高压下被压成薄片，压片前再经过整粒，药物颗粒分层的风险可被降低。通过控制颗粒粒度分布和流动性，可降低药片含量均匀度差的风险。因此，在进一步研发中，选择干法制粒工艺。

自制样品A干法制粒工艺的工艺流程见图3.6。该工艺流程图按发生顺序列出了生产工艺中的所有单元操作，也显示了输入物料属性和工艺参数如何潜在影响中间体和成品的质量属性。第1单元操作所使用的输入物料属性和工艺参数决定了该步骤生产出的输出物料（中间体）的质量属性。中间体的属性和工艺流程中随后单元操作的工艺参数决定了下一步中间体的质量属性，并最终决定成品的质量属性。该循环如此反复直至最后一步生产出成品和评估成品质量属性的单元操作。请注意：因为辅料的用量作为处方研究的一部分已进行了考察，所以，该流程图的输入物料属性未包括辅料用量。

一、工艺变量初始风险评估

首先,基于对临床有效性和安全性的考虑,确定可能被工艺步骤影响的成品CQA。随后,确定影响成品CQA的每一工艺步骤中输出物料(中间体)CQA。接着,可能影响已确定的中间体CQA的物料属性和工艺参数就成为风险评估的焦点。对每一工艺步骤进行风险评估,以确定高风险物料属性和工艺参数。最后,为了更好地理解工艺并建立控制策略,需对这些高风险物料属性和工艺参数进行实验研究,以便优化生产工艺并降低产品CQA不合格的风险。这种从物料属性和工艺参数中寻找高风险工艺变量并进行进一步研究的方法如表3.29所示。

表3.29 用于寻找高风险工艺变量并进行进一步研究的方法

第1步	第2步	第3步
确定可能被工艺步骤影响的成品CQA	确定可影响在第1步中确定的成品CQA的中间体CQA	寻找可影响在第2步中确定的中间体CQA的高风险工艺变量(输入物料属性和工艺参数),并进行进一步研究

对整个生产工艺的初始风险评估结果见表3.30。该风险评估的合理性说明见表3.31。与这些工艺步骤有关的以往经验被用于确定与每一工艺步骤相关的风险程度及其影响成品CQA的可能性。

表3.30 生产工艺初始风险评估

成品CQA	工艺步骤				
	预混	干法制粒	整粒	终混	压片
含量	中	低	中	低	中
含量均匀度	高	高	高	低	高
溶出度	中	高	中	高	高
有关物质	低	低	低	低	低

QbD与药品研发：概念和实例

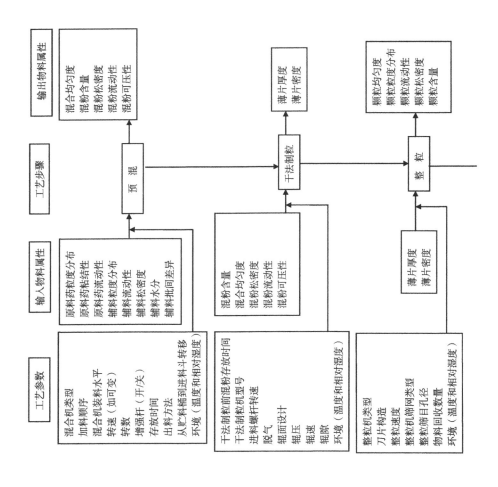

第三章 基于QbD的工艺设计实例

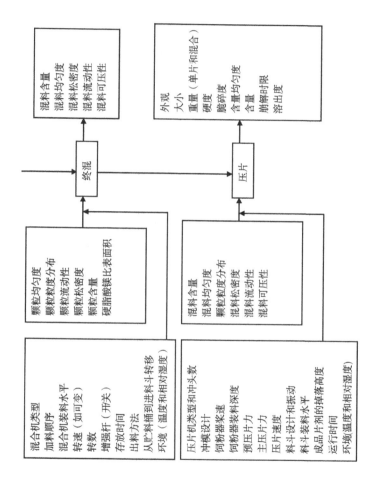

图3.6 自制样品A工艺流程

注：本实例中，用混合均匀度表示预混后的混粉含量均一性情况；用颗粒均匀度表示整粒（过细筛）后所得颗粒的含量均一性情况；用混料均匀度表示终混（颗粒与硬脂酸镁混合）后得到的混料含量均一性情况；用含量均匀度表示压片后得到的成品（自制样品A）含量均一性情况；以示区别。

表3.31 生产工艺初始风险评估的合理性说明

工艺步骤	成品CQA	合理性说明
预混	含量	未达最佳标准的预混可能引起混粉流动性的变化，并影响含量。风险为中度
	含量均匀度	原料药的粘结性及其粒度分布可对其流动性产生负面影响，从而影响含量均匀度。风险高
	溶出度	预混工艺变量可能影响CCS在混粉中的分布，从而影响崩解，并最终影响成品的溶出度。风险为中度
	有关物质	预混工艺变量与自制样品A降解无关。风险低
干法制粒	含量	干法制粒是为了提高流动性，最大程度地减少分层和含量变化。风险低
	含量均匀度	薄片密度的差异可潜在影响已整粒颗粒的粒度分布，从而影响流动性，并最终影响含量均匀度。风险高
	溶出度	薄片密度可影响颗粒密度，从而影响颗粒的可压性、片剂硬度，并最终影响溶出度。风险高
	有关物质	基于从其他已上市的使用干法制粒的仿制药中得到的经验，干法制粒温度不超过45℃。因此干法制粒不大会增加降解产物。风险低
整粒	含量	整粒步骤控制最终的颗粒粒度分布。未达最佳值的粒度分布可影响其流动性，导致压片时片重和含量变化，风险为中度
	含量均匀度	如果整粒产生过多细料，混料的松密度和流动性均会受影响，从而影响含量均匀度。风险高
	溶出度	大量的细料可能影响片剂硬度和溶出度。风险为中度
	有关物质	尽管在整粒工艺中筛网会变热，但时间短。因此整粒不大可能引起产品降解。风险低
终混	含量	影响含量的因素在早期工艺步骤（预混以及干法制粒和整粒）中进行控制。该步骤将颗粒和少量的外加助流剂与润滑剂混合，所以不大可能影响含量。风险低
	含量均匀度	影响含量均匀度的因素在早期工艺步骤（预混以及干法制粒和整粒）中进行控制。该步骤将颗粒和少量的外加助流剂与润滑剂混合，所以不大可能影响含量均匀度。风险低
	溶出度	由于转数过多导致的过度润滑可影响崩解，最终影响片剂溶出度。风险高
	有关物质	原料药A仅在高温（≥105℃）下易于降解。混合不大可能导致产品降解。风险低

续表

工艺步骤	成品CQA	合理性说明
压片	含量	在极端情况下，片重差异可导致含量测定结果超标。风险为中度
	含量均匀度	压片工艺变量如饲粉器桨速和压片速度可引起片剂含量均匀度超标的片重变化。风险高
	溶出度	如果不调整压片力以适应薄片密度批间差异，片剂硬度可能受到影响。饲粉器桨速导致的过度润滑也可使药品溶出变缓。风险高
	有关物质	原料药A仅在高温（≥105℃）下易于降解，压片不大可能导致产品降解。风险低

值得一提的是，对所有可能影响任一工艺步骤的物料属性和工艺参数进行评估并不可行。因此，基于现有的理解，一些物料属性和工艺参数被设为常数。

二、预混工艺开发和理解

本实例中的"预混工艺"指的是在干法制粒前先将原料药A与辅料（一水乳糖、MCC、CCS和滑石粉）在V型混合机中进行混合，制成混粉（中间体）的过程。

（一）预混工艺变量初始风险评估

在表3.30和表3.31所示的整个生产工艺初始风险评估中，预混工艺对成品含量均匀度影响的风险高。因此，混合均匀度被确定为预混工艺中间体CQA。可能影响混合均匀度的物料属性和工艺参数已被确定，对其相关的风险也进行了评估。表3.32显示了预混工艺变量初始风险评估的结果。

表3.32 预混工艺变量初始风险评估

工艺步骤：预混		
输出物料CQA：混合均匀度		
变量	风险评估	合理性说明和初始策略
输入物料属性		
原料药A粒度分布	高	人体生物等效预试验表明，$d_{90} \leq 30\mu m$对生物等效性是必需的。但符合$d_{90} \leq 30\mu m$标准的原料药A流动性差，可影响混合均匀度。风险高

续表

变量	风险评估	合理性说明和初始策略
输入物料属性		
原料药A粘结性	中	原料药A批号#1~#4比能测定结果表明，该原料药具有中度到高度粘结性，使得达到混合均匀度更有挑战性。风险为中度
原料药A流动性	中	原料药A批号#1~#4的ffc值表明，其流动性较差，可能影响混合均匀度。风险为中度
辅料流动性	低	填充剂占了处方组成的绝大部分（~80%）。B02级MCC和A01级一水乳糖以1:1的比例混合使用，因为这一比例显示出良好的流动性（ffc≈7）。助流剂和崩解剂用量很少。辅料流动性不大可能影响混合均匀度。风险低
辅料粒度分布	低	以前已获批准的仿制药1和仿制药2的经验表明，当选定级别的MCC和一水乳糖以1:1的比例混合使用时，流动性好。这表明填充剂的粒度分布不大会影响混合均匀度。由于助流剂和崩解剂用量很少，它们的粒度分布不大可能影响混合均匀度。风险低
辅料松密度	低	1:1的MCC和一水乳糖有与原料药A相当的松密度。助流剂和崩解剂有少量使用，它们的松密度不大可能影响混合均匀度。风险低
辅料水分	低	基于以前已批准仿制药1的经验，辅料水分对混合均匀度没有显著影响。风险低
辅料批间差异	低	辅料粒度分布的较大差异可影响混合均匀度。然而，以往选定辅料级别的经验表明，同一级别内批间差异极小。风险低
工艺参数		
混合机类型	低	不同的混合机类型有不同的混合动力学。基于现有设备，选择V型混合机。风险低。然而，如果混合机类型在工艺放大或者商业化生产期间发生改变，应重新评估风险
加料顺序	低	加料顺序可影响较少量成分均匀分散的难易程度。物料以下列顺序加入：一水乳糖，CCS，原料药A，滑石粉和MCC。风险低
转速	中	每个设备的转速往往是固定的。不同尺寸的混合机有不同的转速。17.6L混合机的转速固定为20r/min。风险为中度
转数	高	混合不足或过度混合将导致混合均匀度达不到最佳值。风险高
增强杆（开/关）	低	增强杆对于提高混合均匀度一般不是必需的。另外，如果使用近红外（NIR）探测器，增强杆可干扰混合均匀度的测定。增强杆被固定在关闭位置。风险低
混合机装料水平	高	混合机的装料水平取决于设备容量、混粉松密度（0.43~0.48g/cm³）和批量大小。由于混合机的装料水平可显著影响混合，所以风险高

续表

变量	风险评估	合理性说明和初始策略
工艺参数		
存放时间	中	即使达到了足够的混合均匀度，原料药A也可能在制粒前的存放、出料或转运期间分层。风险为中度
出料方法	中	
从贮料桶到进料斗转移	中	
环境（温度和相对湿度）	低	如果不加以控制，厂房温度和相对湿度的波动会影响混合均匀度。在GMP生产厂房内环境温度和相对湿度分别固定在(25 ± 1)℃和40%～60%；并将在生产期间进行监控。风险低

（二）原料药A粒度分布和转数对混合均匀度的影响

1. 研究设计

由于溶解度低，所以对原料药A加以研磨来提高其生物利用度。经研磨的原料药A流动性差，粘结性强。因此，在压片前进行干法制粒以达到片剂的含量均匀度。通过干法制粒成功产生均匀颗粒在很大程度上取决于之前预混步骤实现的混合均匀度。

人体生物等效预试验结果表明，当原料药A的d_{90}为30μm或更小时，自制样品A与对照药A生物等效。在处方开发和理解阶段发现，d_{90}小于14μm的原料药A粒度分布导致流动性和含量均匀度不佳。然而，在处方开发和理解阶段，预混工艺是固定的。因此，确定一个优化的预混工艺以适应原料药不同粒度分布变得很重要。如表3.33所示，进行3^2全析因DoE，用于研究原料药A粒度分布（d_{90}）和转数对混合均匀度的影响。基于初始风险评估，混合机的装料水平也很可能影响混合均匀度，但是该工艺参数在全析因DoE研究之后进行评估。表3.24所示的优化后处方用于该项研究。

表3.33 研究预混工艺变量的3^2全析因DoE

因子	变量	水平		
		0	1	2
A	转数	100	200	300
B	原料药粒度分布（d_{90}）（μm）	10	20	30
因变量	考察指标	目标值	可接受范围	
Y_1	混合均匀度（RSD）	最大程度地降低RSD	所有位置的RSD：<5%	

每一批（5.0kg）在17.6 L混合机中混合，转速为20r/min。为测定混合均匀度，在特定的转数结束时，在指定的10个混合机位置进行取样。取样器经过校验，收集的样品体积代表1到3个单位剂量的混粉（200.0~600.0mg）。

2. 结果和分析

结果见表3.34。

表3.34 预混优化研究实验结果

批号	A（转数）	B（原料药粒度分布，d_{90}）（μm）	Y_1（混合均匀度）（RSD）（%）
21	100	10	8.9
22	100	30	5.4
23	300	20	2.5
24	100	20	6.8
25	200	20	3.1
26	300	10	3.2
27	300	30	2.3
28	200	30	2.9
29	200	10	4.3

从表3.34和图3.7可以看出，影响混合均匀度的显著因子是原料药A粒度分布、转数以及以上二因子的交互作用。在低转数时，原料药A粒度分布对混合均匀度的影响比高转数时大。当转数为100时，三批原料药A的粒度分布均不符合混合均匀度小于RSD5%的预设标准。

（三）在线NIR法确定混合终点

为保证任一d_{90}范围在10~30μm的原料药A与其他辅料的混合均匀度，分别使用d_{90}为10μm、20μm和30μm的原料药A制备各5.0kg混粉（批号#30~#32），并使用d_{90}为20μm的原料药A制备第4批5.0kg混粉（批号#33，用于考察有无分层迹象），开发并验证了一种在线NIR法。混合时，每转一圈，当V型混合机处于倒置位置时，即可通过混合机的透视玻璃窗获得一个光谱，对混合过程无影响。为评估混合均匀度，计算移动区间内10个连续光谱的RSD。一旦10个连续测定光谱的RSD低于5%，则认为该混粉是均匀的。验证过程中，将在不同时间点收集的经NIR法测定的混合均匀度数据与传统的用取样器取样后用离线HPLC分析得到的数据相比较，发现二者是相当的。此外，验证表明，用NIR法显示混合达到均匀的混粉，最终生产出含量均匀度在可接受范围（RSD<5%）的片剂。第33批混粉研究结果显示，当混合转数达到500转时，RSD并未增大，表明未发生分层。根据这些结果确定：NIR法能够精确评估混粉的实时均匀性，并可用于在线控制预混工艺的终点。

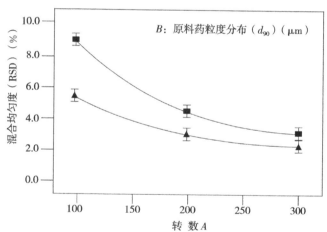

图3.7 原料药粒度分布和转数对混合均匀度的影响

■原料药粒度分布（d_{90}）为10μm；▲原料药粒度分布（d_{90}）为30μm。

（四）混合机装料水平对混合均匀度的影响

另一项研究使用d_{90}为20μm的原料药A制备3批混粉（批号#34~#36），来评估混合机装料水平对混合均匀度的影响。这3批混粉都在转速为20r/min的17.6 L V型混合机中混合，并使用NIR探测器监控。在35%、55%、75%三个不同的装料水平下混合大约280~290转之后均达到混合终点。表明在所研究的装料水平范围内，混合机装料水平对混合终点没有显著影响。

(五) 小结

根据预混研究结果,采用在线NIR法确定混合终点。达到混合终点需要的混合转数不同,取决于原料药A的d_{90}(10~30μm)。原料药A的d_{90}为10μm时,混合终点为368转;d_{90}为20μm时,混合终点为285转;d_{90}为30μm时,混合终点为234转。混合机装料水平在35%~75%之间不会对混合均匀度产生负面影响。

(六) 风险评估更新

表3.35显示由预混工艺的研究结果得到的风险降低。该表仅列出了初始风险评估时被确定对混合均匀度有高风险的变量。

表3.35 预混工艺变量风险评估更新

变量	风险评估	风险降低的合理性说明
原料药A粒度分布	低	为了使预混工艺足够可靠,以容纳不同的原料药A粒度分布,在线NIR法被用于确定混合终点。该风险从高降至低
转数	低	为了使预混工艺足够可靠,以容纳不同的原料药A粒度分布,在线NIR法被用于确定混合终点。该风险从高降至低
混合机装料水平	低	混合机装料水平为35%~75%对混合终点无影响。该风险等级从高降至低

三、干法制粒和整粒工艺开发和理解

本实例中"干法制粒和整粒工艺"指的是:用干法制粒机,基于辊压原理,先将预混得到的混粉压成薄片,再用附带的粉碎装置碎成小片,小片经所配备的两步整粒机整粒(先过粗筛,筛目孔径固定为2.0mm,再过细筛),最终制成颗粒的过程。根据现有设备,本研究使用带有粉碎和整粒装置的干法制粒机(为辊压制粒、粉碎和整粒一体化集成设备)。因此,本部分将干法制粒和整粒工艺放在一起进行研究。

(一) 干法制粒和整粒工艺变量的初始风险评估

如表3.30和表3.31所示,干法制粒步骤影响片剂含量均匀度和溶出度的风险被确定为高风险,整粒步骤影响片剂含量均匀度的风险也被确定为高风险。薄片密度、颗粒粒度分布、颗粒均匀度和颗粒流动性被确定为干法制粒和整粒步骤得到的中间体CQA。因对颗粒粒度分布、颗粒流动性,以及最终对片剂溶出度有影响,薄片密度被确定为中间体CQA。颗粒粒度分布、颗粒均匀度及颗粒流动性也被确定为中间体CQA是因其与片剂含量均匀度密切相关。确定本步骤中会潜在影响输出物料这4个中间体CQA的输入物料属性和工艺参数,对其相关风险进行评估。初始风险评估的结果归纳于表3.36。

表3.36 干法制粒和整粒工艺变量初始风险评估

工艺步骤:干法制粒和整粒

输出物料CQA:薄片密度、颗粒粒度分布、颗粒均匀度、颗粒流动性

变量	输出物料CQA	风险评估	合理性说明和初始策略
输入物料属性			
混粉松密度	薄片密度	低	处方已优化,观察到的混粉松密度保持在0.43~0.48g/cm³之间。混粉松密度变化小,对薄片密度的影响可忽略。风险低
	颗粒粒度分布	低	处方已优化,观察到的混粉松密度保持在0.43~0.48g/cm³之间。混粉松密度变化小,对颗粒粒度分布的影响可忽略。风险低
	颗粒均匀度	低	处方已优化,观察到的混粉松密度保持在0.43~0.48g/cm³之间。混粉松密度变化小,对颗粒均匀度的影响可忽略。风险低
	颗粒流动性	低	处方已优化,观察到的混粉松密度保持在0.43~0.48g/cm³之间。混粉松密度变化小,对颗粒流动性的影响可忽略。风险低
混粉含量	薄片密度	低	混粉含量始终在95.0%~105.0%之间(分布在98.7%~101.2%)。风险低
	颗粒粒度分布	低	混粉含量始终在95.0%~105.0%之间(分布在98.7%~101.2%)。风险低
	颗粒均匀度	低	混粉含量始终在95.0%~105.0%之间(分布在98.7%~101.2%)。风险低
	颗粒流动性	低	混粉含量始终在95.0%~105.0%之间(分布在98.7%~101.2%)。风险低

续表

变量	输出物料CQA	风险评估	合理性说明和初始策略
输入物料属性			
混合均匀度	薄片密度	低	采用在线NIR法监控能达到可接受的混合均匀度（RSD<5%）。风险低
	颗粒粒度分布	低	采用在线NIR法监控能达到可接受的混合均匀度（RSD<5%）。风险低
	颗粒均匀度	低	采用在线NIR法监控能达到可接受的混合均匀度（RSD<5%）。风险低
	颗粒流动性	低	采用在线NIR法监控能达到可接受的混合均匀度（RSD<5%）。风险低
混粉可压性	薄片密度	低	可压性在处方开发和理解时已经优化。片剂在低硬度（5.0kP）时脆碎度较好（重量损失<0.2%），在高硬度（12.0kP）时能达到预期的溶出。风险低
	颗粒粒度分布	低	同薄片密度项下的说明
	颗粒均匀度	低	同薄片密度项下的说明
	颗粒流动性	低	同薄片密度项下的说明
混粉流动性	薄片密度	低	混粉表现出可接受的流动性（ffc>6）。风险低
	颗粒粒度分布	低	混粉表现出可接受的流动性（ffc>6）。风险低
	颗粒均匀度	低	混粉表现出可接受的流动性（ffc>6）。风险低
	颗粒流动性	低	混粉表现出可接受的流动性（ffc>6）。风险低
工艺参数			
干法制粒前混粉存放时间	薄片密度	低	由于原料药A的粘结性，延长混合至500转时未观察到分层。在放置期间，干法制粒前混粉发生分层的风险低
	颗粒粒度分布	低	同薄片密度项下的说明
	颗粒均匀度	低	同薄片密度项下的说明
	颗粒流动性	低	同薄片密度项下的说明
干法制粒机型号	薄片密度	低	由于不同干法制粒机之间操作原理上的差异，薄片密度和整粒后颗粒粒度分布可能有显著差异，并进而影响颗粒流动性和均匀度。根据现有设备，选择Alexanderwerk WP 120干法制粒机。风险低。然而，在工艺放大或者商业化生产时，如果干法制粒机型号有变化，其风险需要重新评估
	颗粒粒度分布	低	同薄片密度项下的说明
	颗粒均匀度	低	同薄片密度项下的说明
	颗粒流动性	低	同薄片密度项下的说明

续表

变量	输出物料CQA	风险评估	合理性说明和初始策略
工艺参数			
脱气	薄片密度	低	脱气用于增加混粉进料时的流动性。脱气被认为是一个固定的因素。风险低
脱气	颗粒粒度分布	低	脱气用于增加混粉进料时的流动性。脱气被认为是一个固定的因素。风险低
脱气	颗粒均匀度	低	脱气用于增加混粉进料时的流动性。脱气被认为是一个固定的因素。风险低
脱气	颗粒流动性	低	脱气用于增加混粉进料时的流动性。脱气被认为是一个固定的因素。风险低
进料螺杆转速	薄片密度	中	进料螺杆转速是一个变动的参数，取决于辊压和辊隙。风险为中度
进料螺杆转速	颗粒粒度分布	中	进料螺杆转速是一个变动的参数，取决于辊压和辊隙。风险为中度
进料螺杆转速	颗粒均匀度	中	进料螺杆转速是一个变动的参数，取决于辊压和辊隙。风险为中度
进料螺杆转速	颗粒流动性	中	进料螺杆转速是一个变动的参数，取决于辊压和辊隙。风险为中度
辊面设计	薄片密度	低	辊面设计可影响从滑移区到啮合区的混粉进料。对于该产品来说，选择滚花辊而不是光面辊可提供更大的摩擦力，从而增加进料。辊面设计被认为是一个固定因素。风险低
辊面设计	颗粒粒度分布	低	同薄片密度项下的说明
辊面设计	颗粒均匀度	低	同薄片密度项下的说明
辊面设计	颗粒流动性	低	同薄片密度项下的说明
辊压	薄片密度	高	薄片密度与辊压直接相关。风险高
辊压	颗粒粒度分布	高	薄片密度与辊压相关，进而可影响整粒后颗粒粒度分布。风险高
辊压	颗粒均匀度	高	薄片密度与辊压相关，进而可影响整粒后颗粒均匀度。风险高
辊压	颗粒流动性	高	薄片密度与辊压相关，进而可影响整粒后颗粒流动性。风险高
辊速	薄片密度	中	辊速决定该工艺的生产能力。为避免物料堆积，需根据进料螺杆转速来调节辊速。根据之前批准的仿制药1使用干法制粒的经验，转速固定在8r/min。可根据需要进行调节。风险为中度
辊速	颗粒粒度分布	中	同薄片密度项下的说明
辊速	颗粒均匀度	中	同薄片密度项下的说明
辊速	颗粒流动性	中	同薄片密度项下的说明

续表

变量	输出物料CQA	风险评估	合理性说明和初始策略
工艺参数			
辊隙	薄片密度	高	辊隙与薄片密度成反比。风险高
	颗粒粒度分布	高	辊隙与薄片密度成反比，进而影响整粒后颗粒粒度分布。风险高
	颗粒均匀度	高	辊隙与薄片密度成反比，进而影响整粒后颗粒均匀度。风险高
	颗粒流动性	高	辊隙与薄片密度成反比，进而影响整粒后颗粒流动性。风险高
整粒机类型	薄片密度	不适用	薄片在干法制粒步骤完成
	颗粒粒度分布	低	整粒机的类型决定摩擦力类型，影响整粒后颗粒的粒度分布，进而影响颗粒流动性和均匀度。该工艺将其视为一个固定因素。风险低。然而，一旦工艺放大或者商业化生产，整粒机类型发生变化，则需重新进行风险评估
	颗粒均匀度	低	同颗粒粒度分布项下的说明
	颗粒流动性	低	同颗粒粒度分布项下的说明
整粒机筛网类型	薄片密度	不适用	薄片在干法制粒步骤完成
	颗粒粒度分布	低	整粒机筛网类型可影响从整粒步骤获得的颗粒的粒度分布、均匀度和流动性。筛网的选择取决于现有设备状况。风险低。如果整粒机筛网类型变化，需重新进行风险评估
	颗粒均匀度	低	同颗粒粒度分布项下的说明
	颗粒流动性	低	同颗粒粒度分布项下的说明
整粒速度	薄片密度	不适用	薄片在干法制粒步骤完成
	颗粒粒度分布	高	整粒速度可能影响整粒后颗粒粒度分布。风险高
	颗粒均匀度	高	整粒速度可能影响整粒后颗粒粒度分布，从而潜在影响颗粒均匀度。风险高
	颗粒流动性	高	整粒速度可能影响整粒后颗粒粒度分布，从而潜在影响颗粒流动性。风险高

第三章 基于QbD的工艺设计实例

续表

变量	输出物料CQA	风险评估	合理性说明和初始策略
工艺参数			
刀片构造	薄片密度	不适用	薄片在干法制粒步骤完成
	颗粒粒度分布	低	基于设计的不同，整粒刀片能对物料施加不同的剪切力。低剪切力能产生较粗糙但更均匀的粒度分布，而高剪切力产生不均匀和多种形式的粒度分布。由此产生的粒度分布影响流动性和均匀度。因为整粒刀片由设备所固定，所以风险低
	颗粒均匀度	低	同颗粒粒度分布项下的说明
	颗粒流动性	低	同颗粒粒度分布项下的说明
整粒筛目孔径	薄片密度	不适用	薄片在干法制粒步骤完成
	颗粒粒度分布	高	整粒筛目孔径直接影响整粒后颗粒粒度分布。风险高
	颗粒均匀度	高	整粒筛目孔径影响整粒后颗粒粒度分布，从而潜在影响颗粒均匀度。风险高
	颗粒流动性	高	整粒筛目孔径影响整粒后颗粒粒度分布，从而潜在影响颗粒流动性。风险高
物料回收数量	薄片密度	中	如果在干法制粒时出现过多漏粉现象或者在整粒过程中产生过多细料，可能需要考虑回收。物料回收数量可能影响薄片密度、颗粒粒度分布、流动性和均匀度。该工艺的目标是无需回收物料。风险为中度
	颗粒粒度分布	中	同薄片密度项下的说明
	颗粒均匀度	中	同薄片密度项下的说明
	颗粒流动性	中	同薄片密度项下的说明
环境（温度和相对湿度）	薄片密度	低	如果不予以控制，厂房温度和相对湿度的波动会影响CQA。GMP生产厂房中环境温度和相对湿度通常分别设定为(25±1)℃和40%~60%，在生产过程中将进行监控。风险低
	颗粒粒度分布	低	同薄片密度项下的说明
	颗粒均匀度	低	同薄片密度项下的说明
	颗粒流动性	低	同薄片密度项下的说明

(二) 辊压、辊隙、整粒速度和整粒筛目孔径的影响

1. 研究设计

该研究的主要目的是采用 DoE 评估干法制粒和整粒工艺参数对薄片、整粒后颗粒和成品质量属性的影响。研究的工艺参数包括辊压、辊隙、整粒速度和整粒筛目孔径。一个实验室小试规模（1.0kg）初步可行性研究考察了辊压对产生未压实物料量的影响。该研究显示，当辊压在 20~80bar 范围内时，未压实物料的量少于 5%，达到了干法制粒物料利用的要求。因此，20~80bar 辊压范围适合于进一步的研究。在可行性研究中，产品温度通过一个非侵入性检测装置进行了监测，未观察到显著的升温（>5℃）。基于已批准的仿制药 1 和仿制药 2 的经验选择了辊隙、整粒速度和整粒筛目孔径的研究范围。本研究采用 2^{4-1} 部分析因 DoE。表 3.37 为研究方案。

表 3.37 研究干法制粒和整粒工艺变量的 2^{4-1} 部分析因 DoE

定义关系		$I = ABCD$		
分辨度		Ⅳ		
因子	工艺变量	水平		
		-1	0	+1
A	辊压（bar）	20	50	80
B	辊隙（mm）	1.2	1.8	2.4
C	整粒速度（r/min）	20	60	100
D	整粒筛目孔径（mm）	0.6	1.0	1.4
因变量	考察指标	目标	可接受范围	
Y_1	薄片密度（g/cm³）	1.1	1.0~1.2	
Y_2	整粒后颗粒 d_{10}（μm）	100	50~150	
Y_3	整粒后颗粒 d_{50}（μm）	600	400~800	
Y_4	整粒后颗粒 d_{90}（μm）	1000	800~1200	
Y_5	颗粒均匀度（RSD）（%）	最小化	<5	
Y_6	颗粒流动性（ffc）	最大化	>6	

续表

因变量	考察指标	目标	可接受范围
Y_7	颗粒含量（%）	100	95.0~105.0
Y_8	5kN时片剂硬度（kP）	最大化	> 5.0
Y_9	10kN时片剂硬度（kP）	最大化	> 9.0
Y_{10}	15kN时片剂硬度（kP）	最大化	> 12.0
Y_{11}	5kN时脆碎度（%）	最小化	< 1.0
Y_{12}	10kN时脆碎度（%）	最小化	< 1.0
Y_{13}	15kN时脆碎度（%）	最小化	< 1.0
Y_{14}	片剂含量（%）	100	95.0~105.0
Y_{15}	片剂含量均匀度（RSD）（%）	最小化	< 5
Y_{16}	片剂崩解时限（min）	最小化	< 5
Y_{17}	30 min溶出度（%）	最大化	≥80

大约50kg的内加辅料和原料药A（批号#2）在转速为12r/min的150L扩散V型混合机中混合。混合机配备NIR探测器，用于监测混合终点（RSD < 5%）。混粉再分成11批，每批批量为4.5kg。余下的0.5kg混粉用作空白对照不进行干法制粒。

每批混粉按照表3.38中设定的参数使用Alexanderwerk WP120干法制粒机（辊径120mm，辊宽25mm）制粒。制得的薄片首先被打碎成小片，小片先经过粗筛整粒，再进行细筛整粒。粗筛整粒步骤中转轮的转速是细筛整粒时转轮转速的80%。在该研究中，粗筛整粒筛目孔径固定在2.0mm，细筛整粒步骤的整粒速度和整粒筛目孔径见表3.37。

整粒后的颗粒与滑石粉在17.6L的V型混合机中以20r/min的速度混合100转。然后加入硬脂酸镁再混合80转。每一批混料均压制成目标片重为200.0mg的片剂。对片剂硬度和脆碎度作为压片时主压片力的函数来进行研究。使用的3种压片力分别为5kN、10kN和15kN。

2. 结果和分析

表3.38列出了薄片密度、颗粒粒度分布（d_{50}）、颗粒流动性（ffc）、压片力为10kN时片剂硬度和片剂含量均匀度（RSD）的结果（其他因变量未列出）。

表3.38 干法制粒和整粒研究部分实验结果

批号	A 辊压 (bar)	B 辊隙 (mm)	C 整粒速度 (r/min)	D 整粒筛目孔径 (mm)	Y_1 薄片密度 (g/cm³)	Y_3 颗粒粒度分布 d_{50} (μm)	Y_6 颗粒流动性 (ffc)	Y_9 10kN时片剂硬度(kP)	Y_{15} 片剂含量均匀度 (RSD) (%)
37	50	1.8	60	1.0	1.132	649	7.65	10.9	3.1
38	20	2.4	100	0.6	0.943	269	4.19	14.4	5.3
39	20	1.2	20	0.6	1.003	264	5.26	13.4	4.3
40	80	2.4	100	1.4	1.211	1227	9.83	10.1	2.1
41	80	1.2	20	1.4	1.285	1257	10.46	7.9	1.4
42	20	2.4	20	1.4	0.942	739	6.28	14.4	3.5
43	50	1.8	60	1.0	1.118	639	7.52	10.7	2.8
44	80	1.2	100	0.6	1.278	346	8.62	8.9	2.7
45	50	1.8	60	1.0	1.105	612	7.88	11.5	2.9
46	20	1.2	100	1.4	1.005	687	7.47	12.9	3.1
47	80	2.4	20	0.6	1.206	328	7.25	10.0	2.9

采用Minitab 16软件对上述实验数据进行ANOVA统计分析，分析步骤与表3.19基本相同。软件分析结果及得到的有关结论小结如下。

1）对薄片密度的影响

工艺变量影响薄片密度的半正态概率图见图3.8。从表3.38和图3.8均可以看出，影响薄片密度的显著因子为A（辊压）和B（辊隙）。薄片密度随着辊压增大而增大（正相关），并随辊隙减小而增大（负相关）。

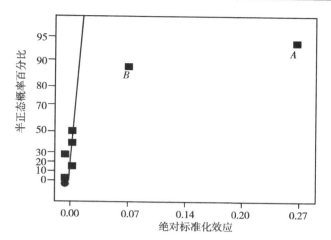

图3.8 工艺参数影响薄片密度的半正态概率图

A为辊压（bar）；B为辊隙（mm）；C为整粒速度（r/min）；D为整粒筛目孔径（mm）。

2）对颗粒粒度分布的影响

半正态概率图见图3.9。

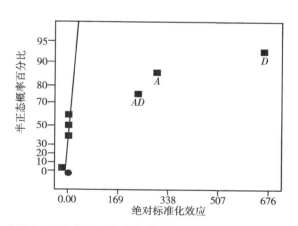

图3.9 工艺参数对颗粒粒度分布影响的半正态概率图

A为辊压（bar）；B为辊隙（mm）；C为整粒速度（r/min）；D为整粒筛目孔径（mm）。

可见，影响颗粒粒度分布（d_{50}）的显著因子是D（整粒筛目孔径）、A（辊压）和AD（以上两者的交互作用）。颗粒粒度分布随着整粒筛目孔径和辊压的增加而增加（正相关）。这两个参数亦显示出显著的交互作用，即当使用较大的整粒筛目孔径时,辊压对颗粒粒度分布的影响相应增大。

3) 对颗粒流动性的影响

整粒后颗粒流动性（ffc）用环剪仪来检测。半正态概率图见图3.10。可以看出,影响颗粒流动性的显著因子为 A（辊压）、D（整粒筛目孔径）和 B（辊隙）。颗粒流动性随辊压和整粒筛目孔径的增加而增大（正相关）。辊隙对颗粒流动性也有影响（负相关）,但程度较轻。

4) 对颗粒均匀度的影响

所有批次均显示出可接受的颗粒均匀度（RSD从2.0%到2.9%）,所有工艺变量均未对该响应指标产生显著影响。

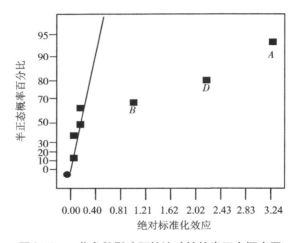

图3.10 工艺参数影响颗粒流动性的半正态概率图

A为辊压（bar）；B为辊隙（mm）；C为整粒速度（r/min）；D为整粒筛目孔径（mm）。

5) 对颗粒含量的影响

从每一批次中取约10g颗粒转移至一套筛子的顶部。这套筛子由7个孔径依次减小的筛子堆叠而成：840μm,420μm,250μm,180μm,149μm,75μm和底盘（该底盘无孔以便于收集细料）。将这些筛子在实验室用粒度分析仪上振动5min。分析各批次经筛分后各层筛子上颗粒的含量。所有批次筛分后各层颗粒的含量均在可接受范围内（98.2%~102.0%）。该结果证实干法制粒前的混粉未发生分层，亦显示没有一个工艺变量对颗粒含量有显著影响。

6）对片剂硬度的影响

从半正态概率图（图3.11）中可以看出，当用10 kN的压片力压片时影响片剂硬度的显著因子是 A（辊压）和 B（辊隙）。片剂硬度随辊压的增加而降低（负相关），并随辊隙的增大而增加（正相关）。

薄片密度和片剂硬度均受辊压和辊隙的影响，所以评价这两个属性之间是否存在一定关联性是符合逻辑的。在薄片密度（x）和片剂硬度（y）之间观察到反比关系（$y = -17.19x + 30.48$，$R^2 = 0.97$）。这种关系的确立具有重要意义，因为它可使薄片密度在干法制粒过程中作为控制策略来保证后续压片操作的顺利进行，并确保达到成品溶出度的目标值。

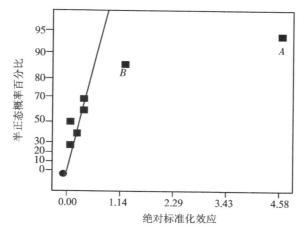

图3.11 工艺变量影响压片力10kN时片剂硬度的半正态概率图

A为辊压（bar）；B为辊隙（mm）；C为整粒速度（r/min）；D为整粒筛目孔径（mm）。

7）对片剂脆碎度的影响

采用10kN和15kN压片力压片时，第37批到第47批的所有片剂均显示出可接受的脆碎度（片重损失<0.2%）。当采用5kN的压片力时，第41批和第44批的片剂硬度低，且脆碎度检测不合格。这两个批次均有较高的薄片密度（~1.28g/cm³）。用5kN的压片力压制的其余批次样品，得到合格的脆

碎度（<0.2%片重损失）和片剂硬度。

8）对片剂含量的影响

所有批次的片剂含量均在可接受范围内（98.4%~100.6%），即在规定限度（95.0%~105.0%）之内，这些因子均未对片剂含量产生显著影响。

9）对片剂含量均匀度的影响

图3.12半正态概率分布情况表明，影响片剂含量均匀度的显著因子是 A（辊压）、D（整粒筛目孔径）和 B（辊隙）。当辊压和整粒筛目孔径增大时，RSD降低（负相关），含量均匀度提高。辊隙对片剂 RSD 也有一定影响（正相关），但程度较轻。

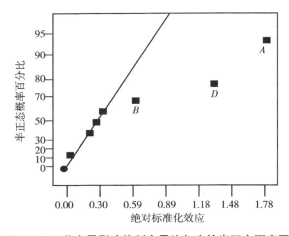

图3.12　工艺变量影响片剂含量均匀度的半正态概率图

A 为辊压（bar）；B 为辊隙（mm）；C 为整粒速度（r/min）；D 为整粒筛目孔径（mm）。

10）对片剂崩解和溶出度的影响

所有批次的片剂均显示快速崩解（<4min），表明所研究的工艺变量均未对片剂崩解时限产生显著影响。

根据薄片密度和片剂硬度间的负线性相关关系，得出的结论是干法制粒将对溶出度产生间接的影响。对于具有适当密度的薄片，可通过调整主压片力达到目标片剂硬度。然而，当混粉被辊压后就会失去一定程度的可压性。因此，密度较高的薄片要达到与密度较低的薄片相同的片剂硬度，就需要更大的压片力。另一方面，当薄片密度低（≤1.0g/cm³）时，颗粒的流动性也低（ffc<6）。因此，需要确定薄片密度的范围，以得到所需的颗粒流动性，同时所需压片力不超过冲头厂商建议的最大耐受压力。根据实验中片剂脆碎度以及颗粒流动性的结果，薄片密度将控制在1.0~1.2g/cm³之间（即薄片相对密度为0.68~0.81）。该研究中薄片真密度为1.4803g/cm³。薄片相对密度＝薄片密度/薄片真密度。

3. 实验小结

辊压对薄片密度、颗粒粒度分布、颗粒流动性、片剂硬度以及片剂含量均匀度都有显著影响。辊压增大会增加薄片密度、颗粒粒度分布（d_{50}）、颗粒流动性以及片剂含量均匀度（RSD较低）。然而，在给定压片力下，片剂硬度降低，显示辊压对颗粒的可压性有负面影响。

辊隙对于薄片密度、颗粒流动性、片剂硬度和片剂含量均匀度均有显著影响。增加辊隙可以降低薄片密度、颗粒流动性和片剂含量均匀度（RSD较高）。然而，在给定的压片力下，片剂硬度随辊隙增加而增大。

整粒筛目孔径对颗粒粒度分布（d_{50}）、颗粒流动性和片剂含量均匀度均有显著影响。增加整粒筛目孔径可提高颗粒粒度分布（d_{50}）、颗粒流动性和片剂含量均匀度（RSD较低）。

整粒速度对于所有研究的响应指标均无显著影响。

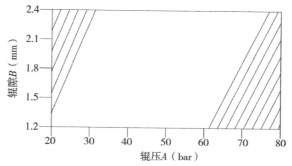

图3.13 干法制粒和整粒工艺变量影响响应的等高线重叠示意图

□所有响应都达到预设标准；▨一个或多个响应未满足预设标准。
C（整粒速度）为60r/min；D（整粒筛目孔径）为1.0mm。

如等高线重叠图（图3.13）所示，当使用配备辊径120mm、辊宽25mm滚花辊Alexanderwerk WP120设备进行干法制粒和整粒时，确定的辊压和辊隙可接受范围分别为20~77bar和1.2~2.4mm。选择1.0mm的整粒筛目孔径，原因在于与其他研究的孔径（0.6mm和1.4mm）相比，其可使辊压和辊隙有一个更宽的可接受范围。

（三）风险评估更新

表3.39显示基于实验结果的干法制粒和整粒工艺变量风险降低。表3.39也提供了风险降低的合理性说明。

表3.39　干法制粒和整粒工艺变量风险评估更新

工艺步骤：干法制粒和整粒

输出物料CQA：薄片密度，颗粒粒度分布，颗粒均匀度和颗粒流动性

工艺变量	输出物料CQA	风险评估	风险降低的合理性说明
辊压	薄片密度	低	确定了辊压的可接受范围。在该范围（20~77bar）内，通过使用适当的辊隙，所有的CQA都达到预定的可接受标准。因此，风险从高降至低
	颗粒粒度分布	低	
	颗粒均匀度	低	
	颗粒流动性	低	
辊隙	薄片密度	低	确定了辊隙范围。在该范围（1.2~2.4mm）内，通过使用适当的辊压，所有的CQA都达到预定的可接受标准。因此，风险从高降至低
	颗粒粒度分布	低	
	颗粒均匀度	低	
	颗粒流动性	低	
整粒速度	颗粒粒度分布	低	研究的整粒速度范围（20~100r/min）对于颗粒粒度分布、颗粒均匀度或颗粒流动性均无明显影响。因此，风险从高降至低
	颗粒均匀度	低	
	颗粒流动性	低	
整粒筛目孔径	颗粒粒度分布	低	与其他研究的孔径（0.6mm和1.4mm）相比，用1.0mm的整粒筛目孔径可使辊压和辊隙有一个更宽的可接受范围，因此选择1.0mm的孔径。当使用选择的整粒筛目孔径（1.0mm）时，所有CQA均达到预定的可接受标准。因此，风险从高降至低
	颗粒均匀度	低	
	颗粒流动性	低	

四、终混工艺开发和理解

本实例中"终混工艺"指的是：将从干法制粒和整粒工艺中得到的颗粒，先与滑石粉混合，再与硬脂酸镁混合，制备成混料的过程。

（一）终混工艺变量的初始风险评估

如表3.30和表3.31所示，整个生产工艺初始风险评估确定了终混工艺步骤影响片剂溶出度的风险高。因此，进一步确定可能潜在影响片剂溶出度的终混工艺变量，并对其相关的风险进行评估。初始风险评估结果见表3.40。

表3.40 终混工艺变量初始风险评估

工艺步骤：终混		
输出物料CQA：片剂溶出度		
变量	风险评估	合理性说明与初始策略
输入物料属性		
颗粒均匀度	低	干法制粒中得到的颗粒均匀，RSD<3%。因此，颗粒均匀度对片剂溶出度影响很小。风险低
颗粒含量	低	干法制粒中颗粒含量在98.2%~101.2%之间，如此小的差异对片剂溶出几乎无影响。风险低
颗粒流动性	低	薄片相对密度在0.68~0.81之间，颗粒流动性良好（ffc>6），不大会影响片剂溶出。风险低
颗粒粒度分布	低	处方中用5%CCS，可实现片剂的快速崩解。在干法制粒期间所观察到的颗粒粒度分布差异对溶出无显著影响。因此，风险低
颗粒松密度	低	颗粒松密度一直维持在0.62~0.69g/cm³之间，这样小的差异对片剂溶出几乎无影响。风险低
硬脂酸镁比表面积	高	比表面积增加，硬脂酸镁的润滑作用增强。但过度润滑可能导致崩解和溶出延迟。风险高
工艺参数		
混合机型号	低	由于不同的工作原理，不同型号混合机可对混合效果产生影响。根据现有设备，选择V型混合机。风险低。然而，如果在工艺放大或商业化生产时混合机型号改变，需重新进行风险评估

续表

变量	风险评估	合理性说明与初始策略
加料顺序	低	颗粒和滑石粉先混合,接着是硬脂酸镁。习惯上最后加入硬脂酸镁以润滑其他颗粒。加料顺序是固定的,对溶出的影响很小。风险低
转速	中	转速通常受设备限制。不同尺寸的混合机有不同的转速。一般一个17.6L混合机的转速固定为20r/min。风险为中度
转数	高	过度润滑可能使崩解和溶出延迟。原料药A为BCS Ⅱ类化合物,风险高
增强杆(开/关)	低	如果把增强杆打开,有可能造成颗粒磨损。为了避免产生细料,在终混时,增强杆设定在关闭位置。风险低
混合机装料水平	中	混合机装料水平可能影响混合动力学。混合机装料水平在该工艺研发中是固定的,但在工艺放大时可能改变。风险为中度
存放时间	低	此工艺变量与溶出无关。风险低
出料方法	低	此工艺变量与溶出无关。风险低
从贮料桶到进料斗转移	低	此工艺变量与溶出无关。风险低
环境(温度和相对湿度)	低	如不予以控制,厂房温度和相对湿度的波动可影响CQA。GMP生产厂房中环境温度和相对湿度通常分别设定为(25±1)℃和40%~60%,在生产过程中将进行监测。风险低

(二) 硬脂酸镁比表面积与混合转数的影响

根据"处方开发和理解2"结果,外加硬脂酸镁和滑石粉的用量分别控制在0.6%和2.9%。

由于原料药A溶解度低,过度润滑将导致崩解和溶出延迟,因此确保混料不过度润滑很重要。由于润滑剂加入量少,用NIR法监测终混工艺不可行;因此,用传统方法来判断混合终点。

本项研究采用中试规模的150L混合机,原料药批号#2,批量为25kg。先进行干法制粒,得到相对密度为0.75的薄片。薄片整粒后,均分为5小批。将每小批颗粒和滑石粉在一个17.6L转速为20r/min的V型混合机中混合100转。再加入硬脂酸镁,并根据表3.41所示的方案来混合物料。之后,在10个位置取样，核实混料均匀度。混料在10kN压片力下压制成片剂。压片时监测推片力。片剂压成后检查其外观和是否有粘冲或粘模迹象。另外，还对片剂脆碎度、含量和含量均匀度进行检测。终混工艺和每批的结果如表3.41所示（未提供全部数据）。

表3.41 终混实验结果*

批号	工艺变量		因变量			
	A 硬脂酸镁比表面积（m^2/g）	B 转数	Y_1 混料均匀度（RSD）（%）	Y_2 硬度（kP）	Y_3 崩解时限（min）	Y_4 30min溶出度（%）
48	6	60	2.3	9.0	2.7	96.2
49	6	100	2.5	9.2	3.1	97.5
50	10	60	2.4	8.9	3.4	96.3
51	10	100	2.3	8.8	3.8	96.7
52	8	80	2.4	9.2	2.9	97.1

*装料水平约为49%；顶空分数约为51%。

随着混合转数和比表面积降低，推片力稍有增加，但本研究中未超过150N。片剂外观没有问题，其表面光滑，边缘无肉眼可见的条纹。产品既没有粘在冲头，也没有粘在模腔上。每个批次混料RSD均小于3%，这说明混料均匀度是可以接受的。测得的片剂硬度为(9.0±0.2)kP，在8.0~10.0kP的目标范围之内。片剂表现出快速崩解（<4min）和溶出（30min溶出度>95%）。结果表明，颗粒与硬脂酸镁混合的充分程度对研究范围内的比表面积（6~10m^2/g）和混合转数（60~100）并不敏感。

在研究过程中，片剂脆碎度不超过0.2%。片剂含量接近目标值，在95.0%~105.0%可接受范围内。片剂含量均匀度亦在可接受范围内，RSD小于4%。

总之，在所研究的范围内，硬脂酸镁比表面积（6~10m^2/g）和硬脂酸镁与颗粒混合的转数（60~100）对所研究的产品质量属性并无显著影响。

(三) 风险评估更新

根据该步骤工艺研发的结果，表3.42给出了终混步骤降低的风险。该表仅显示最初被确定为对片剂溶出度有高风险的变量。

表3.42　终混工艺变量风险评估更新

工艺步骤：终混

输出物料CQA：片剂溶出度

变量	风险评估	风险降低的合理性说明
硬脂酸镁比表面积	低	在 6~10m^2/g 范围内，硬脂酸镁比表面积对片剂溶出度没有不利的影响，风险从高降至低，该物料属性将由控制策略控制
转数	低	根据良好的片剂外观和快速溶出，确定了颗粒与硬脂酸镁混合的转数可接受范围（60~100）。风险从高降至低，转数在控制策略中加以控制

五、压片工艺开发和理解

(一) 压片工艺变量初始风险评估

根据表3.30和表3.31对整个生产工艺的初始风险评估，压片步骤影响片剂含量均匀度和溶出度的风险高，因此进一步确定了可潜在影响这两个CQA的物料属性和工艺参数，并对相关的风险进行了评估。压片工艺变量的初始风险评估结果归纳于表3.43中。

表3.43　压片工艺变量初始风险评估

工艺步骤：压片

成品CQA：含量均匀度，溶出度

变量	成品CQA	风险评估	合理性说明和初始策略
输入物料属性			
混料含量	含量均匀度	低	在终混工艺研发期间，混料含量在98.3%~101.7%之间。如此小的差异不大可能影响含量均匀度和溶出度。风险低
	溶出度	低	

续表

变量	成品CQA	风险评估	合理性说明和初始策略
输入物料属性			
混料均匀度	含量均匀度	低	在终混工艺研发期间,混料显示出可接受的均匀度(RSD<3%)。因此,风险低
	溶出度	低	
颗粒粒度分布	含量均匀度	低	颗粒粒度分布取决于干法制粒后的整粒。颗粒显示出良好的流动性(ffc>6),所以其不大会影响含量均匀度。风险低
	溶出度	低	处方含5%CCS,在干法制粒期间观察到的颗粒粒度分布差异对溶出度并无影响。风险低
混料流动性	含量均匀度	低	混料流动性可影响混料从料斗到饲粉器和最终到模腔的流动。然而,在干法制粒期间,混料显示了充分的流动性。外加少量助流剂和润滑剂不大会影响混料流动性。风险低
	溶出度	低	
混料可压性	含量均匀度	低	含量均匀度不受混料可压性影响。风险低
	溶出度	高	未达最优值的混料可压性会影响片剂硬度。混料的可压性与干法制粒时达到的薄片相对密度直接相关。薄片相对密度可能随着批次的不同而有所变化,如果压片力没有做出相应调整,可能会造成片剂硬度的变化,进而影响溶出度。风险高
混料松密度	含量均匀度	低	混料松密度保持在 $0.62\sim0.69g/cm^3$ 之间。这样小的差异对含量均匀度和溶出度几无影响。风险低
	溶出度	低	
工艺参数			
压片机类型和冲头数	含量均匀度	低	压片机类型的选定基于现有设备,在工艺研发过程中使用3个冲头。相同型号的压片机在中试规模和商业化生产时使用,但所有51个冲头都被使用。因此,风险低
	溶出度	低	
冲模设计	含量均匀度	低	选择可压制出与对照药A大小和形状类似药片的冲模设计。在终混工艺研究中未观察到粘冲。风险低
	溶出度	低	
饲粉器桨速	含量均匀度	高	超过最佳值的饲粉器桨速可导致过度润滑。低于最佳值的饲粉器桨速可能造成模具填料不一致。风险高
	溶出度	高	
饲粉器装料深度	含量均匀度	低	饲粉器装料深度设定在满量程的80%,并且通过压片机上的一个自动反馈控制回路进行监控。风险低
	溶出度	低	

续表

变量	成品CQA	风险评估	合理性说明和初始策略
工艺参数			
预压片力	含量均匀度	低	含量均匀度取决于混料均匀度和流动性，与预压片力无关。风险低
	溶出度	中	超过最佳值的预压片力可导致分层。低于最佳预压片力可能将空气压到片剂中，导致顶裂。这两种情况都可能会影响溶出度。根据以往将类似处方在相同设备上压片的经验，预压片力设定于1.0kN。这个值可能需要调整。风险为中度
主压片力	含量均匀度	低	含量均匀度取决于混料均匀度和流动性，与主压片力无关。风险低
	溶出度	高	未达到最佳值的压片力可影响片剂硬度和脆碎度，最终影响溶出度。风险高
压片速度	含量均匀度	高	高于最佳值的压片速度可导致模具装料水平不一致造成片重差异，可能会影响含量均匀度和溶出度。出于效率考虑，将压片速度设置为尽可能快，而又不对片剂质量有负面影响。风险高
	溶出度	高	
料斗设计和振动	含量均匀度	低	因为原料药A与辅料辊压后，原料药分层的风险被最大程度降低，压片时的振动和料斗设计不大可能对含量均匀度和溶出度造成影响。风险低
	溶出度	低	
料斗装料水平	含量均匀度	低	混料有可接受的流动性并且料斗装料水平维持在50%。维持料斗装料水平，使得这个参数不大可能影响含量均匀度和溶出度。风险低
	溶出度	低	
成品片剂的掉落高度	含量均匀度	中	如果掉落高度大，成品片剂会缺口、开裂、割开或者破碎。风险为中度
	溶出度	中	
运行时间	含量均匀度	中	长时间压片含量均匀度可能会漂移。风险为中度
	溶出度	低	压片运行时间不大可能引起溶出度不合格。风险低
环境（温度和相对湿度）	含量均匀度	低	如果不予以控制，厂房内温度和相对湿度的波动会影响CQA。GMP生产厂房中环境温度和相对湿度通常分别设定为（25±1）℃和40%~60%，在生产过程中将进行监控。风险低
	溶出度	低	

（二）饲粉器桨速的影响

为研究饲粉器桨速（8~20r/min）对片剂质量属性的影响，进行了一项筛选研究。由于终混混料流动性良好，饲粉器桨速在特定范围内变化对片重差异或含量均匀度无明显影响。片剂溶出度也不受饲粉器桨速变化的影响，表明由于额外混合造成的过度润滑并不是问题。这个工艺变量不再做进一步研究。

（三）主压片力、压片速度和薄片相对密度的影响

1. 研究设计

为研究输入物料属性（如薄片相对密度）和压片相关工艺参数（如主压片力和压片速度）与最终药品质量属性之间的关系，开展了下述实验。用50L混合机制备3批终混混料（批号#53~#55，每批15.0kg，原料药批号#2）。这3批的薄片相对密度分别为0.68、0.75和0.81。从干法制粒研究得出的结论是：在此范围内，压片所需压片力不超过厂商建议的冲头最大允许压力。这3批混料按照表3.44和表3.45的设计每批又被分成若干亚批，用于压片研究。

压片力和压片速度可影响许多片剂质量属性，包括硬度、崩解时限、溶出度、含量、含量均匀度、脆碎度、片重差异和外观。干法制粒得到的薄片相对密度亦可影响混料可压性，进而影响片剂硬度和溶出度。因此，通过2^3全析因DoE和JMP8软件来理解这些变量对片剂质量属性的影响。

低于最佳预压片力可能将空气压到片剂中，导致顶裂。然而，基于以往类似处方（仿制药1）在类似设备上压片的经验，对于本研究，预压片力控制在1.0kN。

表3.44列出了DoE方案和各因变量的可接受范围。

表3.44 用于压片研究的2^3全析因DoE

因子		水平		
		-1	0	+1
A	主压片力（kN）	5	10	15
B	压片速度（r/min）	20	40	60
C	薄片相对密度	0.68	0.75	0.81
	因变量	目标	可接受范围	
Y_1	外观		外观光滑、美观	
Y_2	硬度（kP）	确定可接受范围	取决于其他指标	
Y_3	脆碎度（%）	最小化	不超过1.0	
Y_4	片重差异（%）	最小化	单片重：目标值±5 总片重：目标值±3	
Y_5	含量（%）	达到100	95.0~105.0	
Y_6	含量均匀度（RSD）（%）	最小化	<5	
Y_7	崩解时限（min）	最小化	不超过5	
Y_8	30min溶出度（%）	最大化	不少于80	

在任何取样操作前压片机以表3.44所规定的速度运行至少5min。药片样品除了第54c批在整个运行期间每20min取样一次外，其余各批分别于每批运行的前、中、后期取样。在每个取样时间点观察类似的响应。

2.结果和分析

表3.45列出了中期取样的实验结果（指标Y_1、Y_3、Y_4、Y_5和Y_7未列出）。

表3.45 压片研究实验结果

批号	因子水平			因变量		
	A 主压片力 （kN）	B 压片速度 （r/min）	C 薄片相对 密度	Y_2 硬度 （kP）	Y_6 含量均匀度 （RSD)(%)	Y_8 30min 溶出度(%)
55a	15	20	0.81	10.8	1.9	95.7
54a	10	40	0.75	9.8	3.1	96.2
53a	15	60	0.68	12.9	3.6	85.4

续表

批号	因子水平			因变量		
	A 主压片力 (kN)	B 压片速度 (r/min)	C 薄片相对密度	Y_2 硬度 (kP)	Y_6 含量均匀度 (RSD)(%)	Y_8 30min 溶出度(%)
55b	15	60	0.81	11.3	3.9	92.6
53b	5	20	0.68	7.8	2.6	96.4
53c	15	20	0.68	13.6	2.2	83.8
55c	5	60	0.81	4.3	3.3	99.7
54b	10	40	0.75	10.4	2.9	94.5
55d	5	20	0.81	5.5	2.4	97.2
54c	10	40	0.75	9.1	2.5	93.1
53d	5	60	0.68	6.7	3.7	97.1

1）对片剂硬度的影响

从半正态概率图（图3.14）中可以发现，A（主压片力）是影响片剂硬度的首要因子，其次是C（薄片相对密度），其余的因子没有显著影响。片剂硬度和主压片力直接相关（正相关），并与薄片相对密度成反比（负相关）。但这两个因子之间没有交互作用。

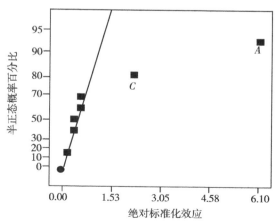

图3.14 压片变量影响片剂硬度的半正态概率图

A为主压片力（kN）；B为压片速度（r/min）；C为薄片相对密度。

与相对密度接近可接受范围下限（0.68）的薄片相比，相对密度接近可接受范围上限（0.81）的薄片需要更大的压片力来达到同样的硬度。这是因为混料在辊压以后失去了部分可压性。

以上结果表明，对一个给定的薄片相对密度，可通过调整压片力的方法，来确保达到目标片剂硬度。

2）对片剂脆碎度的影响

没有一个因子对片剂脆碎度有显著影响。除了平均硬度为4.3kP的#55c批显示0.6%的较高脆碎度之外，其余所有批次均显示脆碎度小于0.2%。因此，片剂硬度的下限设为5.0kP。

3）对片重差异以及含量均匀度的影响

从图3.15中可以看出，压片速度是唯一对含量均匀度有显著影响的因子，影响为正相关，意味着随压片速度的增加，RSD也增加，含量均匀度下降。

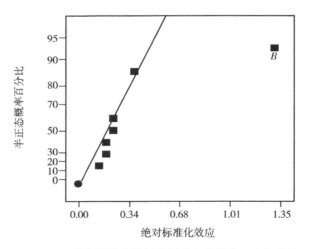

图3.15　压片变量影响片剂含量均匀度的半正态概率图

A为主压片力（kN）；B为压片速度（r/min）；C为薄片相对密度。

尽管当压片机在较慢的压片速度操作时，得到的含量均匀度更好（比如RSD更低），但在所研究的压片速度范围（20~60r/min）并未导致片剂含量均匀度的超标。在60r/min时，观察到的RSD小于4%，低于5%

的限度。

压片速度对片重差异有统计学上的影响。压片速度越快，片重差异越大。然而，单片片重差异远低于5%，而总片重差异也远低于3%。

在生产中，通常希望使用实际可行的最快压片速度压片以达到最大效率，而不对药品质量产生负面影响。根据压片研究，确定压片速度可接受范围为20~60r/min。

4) 对片剂崩解和溶出的影响

主压片力、压片速度和薄片相对密度对崩解没有显著影响。崩解非常迅速，崩解时限通常在1.5min到3min。

半正态概率图（图3.16）结果表明，影响片剂溶出速率的显著因子是A（主压片力）和C（薄片相对密度）。这两个因子还呈现出显著的交互作用。溶出速率随主压片力增加而减小（负相关），随薄片相对密度增加而增大（正相关）。溶出度结果随主压片力设置和薄片相对密度的不同而有所差异。等高线图（未给出）表现为曲线状，也提示主压片力和薄片相对密度之间存在交互作用。尽管5%的超级崩解剂能实现快速崩解，但主压片力的增加导致药片硬度增加和溶出延迟。由于硬度为13.6kP的#53c批显示83.8%的溶出度，为了避免可能的溶出不合格，片剂硬度上限被设定为13.0kP。

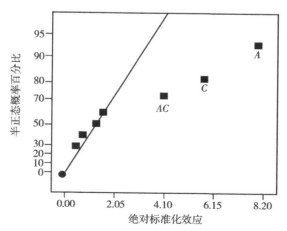

图3.16 压片变量影响溶出度的半正态概率图

A为主压片力（kN）；B为压片速度（r/min）；C为薄片相对密度。

5) 对其他因变量的影响

主压片力、压片速度以及薄片相对密度对其他因变量没有显著影响。每一批次产生的片剂表面都非常平滑,没有粘冲和顶裂的迹象。含量范围为99.1%~101.0%。

(四) 压片运行时间的影响

每隔20min对#54c批取样,以评估压片过程中随压片时间延长而产生片重的可能漂移。结果表明,单片片重差异可以很好地控制在目标值的±5%之内,总片重差异可以很好地控制在±3%之内。整个压片过程中没有发现片重差异变化的趋势。

(五) 压片工艺开发和理解小结

在所研究的范围(8~20r/min)之内,饲粉器桨速对药品溶出度没有影响。在20~60r/min范围内的压片速度对响应未产生显著影响。确定了一个可接受的压片力范围。可通过调整压片力来适应批次间薄片相对密度在可接受范围(0.68~0.81)内的变化,从而实现最优化的片剂硬度和溶出度。

(六) 风险评估更新

随着压片工艺研发工作的深入,初始风险评估中列出的一些风险得以降低。更新后的风险评估见表3.46。

表3.46 压片工艺变量风险评估更新

工艺步骤:压片

成品CQA:含量均匀度,溶出度

变量	成品CQA	风险评估	风险降低的合理性说明
混料可压性	溶出度	低	为确保达到目标片剂硬度,可调整压片力以适应薄片相对密度的变化(0.68~0.81)。风险从高降至低
饲粉器桨速	含量均匀度	低	饲粉器桨速(8~20r/min)对含量均匀度和溶出度没有明显影响。相同的压片机类型可用于中试规模和商业化规模的生产。如有必要,当所有冲头都使用时,饲粉器桨速可进行轻微调整。风险从高降至低
	溶出度	低	

续表

变量	成品CQA	风险评估	风险降低的合理性说明
主压片力	溶出度	低	片剂硬度随着压片力加大而增大。在所研究的压片力范围内，由此达到的片剂硬度并未对溶出度造成不利影响，30min达到>90%的溶出。风险从高降至低
压片速度	含量均匀度	低	20~60r/min范围的压片速度对含量均匀度或溶出度无明显影响。因此，风险从高降至低
	溶出度	低	

六、中试放大研究

（一）放大原则

此处描述用于将工艺放大至中试规模（50.0kg）的原则，目的是为了中试放大生产。相同的工艺放大原则也将用于批准后的商业化生产规模。

本实例中涉及的工艺规模可小结如下。

（1）小试规模（处方开发和理解）：批量约为1kg，产量约为5000片。

（2）小试规模（工艺开发和理解）：批量约为5kg，产量约为25000片。

（3）中试规模：批量约为50kg，产量约为250000片。

（4）商业化生产规模：批量约为150kg，产量约为750000片。

1. 预混工艺放大

预混工艺开发和理解中采用17.6L双筒V型混合机。为了工艺放大，需要采用以下原则以维持几何学、动力学和运动学相似性。

（1）几何学相似性：保持所有长度之间的比例恒定。

（2）动力学相似性：保持混合力不变。

$$混合力 = \frac{n^2 R}{g}$$

其中：n为转速，单位为r/min；R为特征半径；g为万有引力常数。

（3）运动学相似性：保持转数不变。

在中试规模，装料水平是74%，比小试规模63%的装料水平稍高。由于设备的限制，这两个规模的转速是固定的。尽管目标混合终点可以通过维持这两个规模间的相似性来估算,但是最终的混合终点还是采用经验证的 NIR 法来确定。为评估混粉的均一性,计算每一移动区间内 10 个连续光谱的 RSD,并对转数作图。一旦 10 个连续测量的 RSD 低于 5%,就认为该混粉是均匀的。

预混工艺放大可归纳于表 3.47。

表 3.47 预混工艺放大

规模	批量		混合机容量 (L)	装料水平 (%)	转速 (r/min)	粒度分布 (μm)	转数
	(kg)	(片)					
小试	5.0	25000	17.6	63	20	$d_{90}=10$	368
						$d_{90}=20$	285
						$d_{90}=30$	234
中试	50.0	250000	150	74	12	285	
商业化生产	150.0	750000	500	67	8	待定	

*终点由经验证的在线 NIR 法确定。

2. 干法制粒和整粒工艺放大

首先将干法制粒工艺从小试规模(使用 Alexanderwerk WP120 干法制粒机,辊径 120mm,辊宽 25mm)放大到中试规模(使用 Alexanderwerk WP120 干法制粒机,辊径 120mm,辊宽 40mm),并最终放大至商业化生产规模(使用 Alexanderwerk WP200 干法制粒机,辊径 200mm,辊宽 75mm)。

在干法制粒工艺中,放大至更大、更宽的轧辊时,需考虑的辊隙和轧辊力(或辊压)的放大原则,讨论如下:

1)辊隙

辊隙的放大原则是对于不同尺寸的干法制粒机,保持辊隙(S)与辊径(D)之间的比例。辊隙的放大因子可用如下公式计算:

$$\frac{S_1}{D_1} = \frac{S_2}{D_2}$$

其中:1 代表放大前,2 代表放大后,下同。

2）轧辊力或辊压

根据前述工艺开发和理解的结果，薄片密度是该工艺步骤中间体CQA，明显影响下游达到目标片剂硬度所需的压片力。通常采用的对干法制粒放大原则是通过保持轧辊峰压力（P_{max}）来控制薄片密度。

如果S/D比例维持不变，放大的原则就是通过维持$R_f/(W×D)$比例来获得相同的P_{max}，其中：R_f是轧辊力（kN）；W是辊宽。轧辊力的放大因子根据以下公式计算：

$$\frac{R_{f2}}{R_{f1}} = \frac{W_2 D_2}{W_1 D_1}$$

如果使用轧辊液压（R_p），有必要从设备供应商处得到轧辊液压（bar）到轧辊力（kN）的换算因子。设备厂家提供以下信息：

对于WP120：1bar轧辊液压相当于0.0922kN轧辊力/cm辊宽

对于WP200：1bar轧辊液压相当于0.0869kN轧辊力/cm辊宽

轧辊液压的放大因子可以按照以下公式计算：

$$\frac{R_{p2}}{R_{p1}} = \frac{0.0869 \times D_2}{0.0922 \times D_1}$$

本实例中，辊压即是指轧辊液压（bar）。

整粒筛目孔径是一个与规模无关的变量；因此，在工艺放大过程中保持恒定。在工艺开发和理解过程中，未发现整粒速度在研究的范围（20~100r/min）内对任何产品质量属性有显著影响。

表3.48归纳了干法制粒和整粒的工艺放大。

表3.48 干法制粒和整粒的工艺放大

规模	批量 (kg)	批量 (片)	干法制粒机型号	辊宽 (mm)	辊径 (mm)	辊隙 (mm)	辊压 (bar)	整粒筛目孔径 (mm)
小试	5.0	25000	WP120	25	120	1.2~2.4	20~77	1.0
中试	50.0	250000	WP120	40	120	1.8	50	1.0
商业化生产	150.0	750000	WP200	75	200	2.0~4.0*	31~121*	1.0

*范围根据放大公式计算，需确认。

3.终混工艺放大

在颗粒与滑石粉进行终混的工艺放大中,转数保持不变。

在对颗粒与滑石粉混合和颗粒与硬脂酸镁混合的工艺放大中使用不同的原则。如果批量和混合机容量已知,颗粒与硬脂酸镁混合的工艺放大后所需的转数(r_2)可用以下公式求得

$$r_2 = \frac{(V^{1/3}F_{\text{headspace}}r)_1}{(V^{1/3}F_{\text{headspace}})_2}$$

其中:V 表示混合机容量;$F_{\text{headspace}}$ 是顶空分数;r 表示转数。此公式用于计算使用硬脂酸镁润滑颗粒时所需的转数[19]。终混工艺放大归纳于表3.49。

表3.49 终混工艺放大

规模	批量 (kg)	批量 (片)	混合机容量 (L)	装料水平 (%)	转速 (r/min)	与滑石粉混合 运行时间 (min)	与滑石粉混合 转数	与硬脂酸镁混合 运行时间 (min)	与硬脂酸镁混合 转数
小试	5.0	25000	17.6	49	20	5	100	3~5	60~100
中试	50.0	250000	150	56	12	8.3	100	4	48
商业化生产	150.0	750000	500	50	8	12.5*	100*	2.6~4.3*	21~35*

*待确认。

4.压片工艺放大

中试中使用了与压片工艺开发和理解时同样的压片机,该压片机也将用于将来的商业化生产中。

为增加产量,在中试规模成功地使用了全部51个冲头,在商业化生产规模中也将采用同样的压片方式。

(二) 中试结果

根据上述放大原则,使用批次为#2(d_{90} 为20μm)的原料药A,在中试规模生产50.0kg样品。表3.50归纳了中试规模生产所使用的设备和工艺参

数。该批产品被用于人体生物等效正式试验和稳定性研究。加速稳定性研究条件：40℃，75%相对湿度，共考察6个月；长期稳定性研究条件：25℃，60%相对湿度，共考察6个月。稳定性研究结果表明，检测指标均符合QTPP中确定的质量属性。稳定性研究仍在进行中。

表3.50 中试规模生产所使用的设备和工艺参数

工艺步骤	设备和工艺参数
预混	150L V型混合机 在12r/min下混合285转（目标值） （混合终点由在线NIR法确定）
干法制粒和整粒	Alexanderwerk WP120，采用40mm辊宽，120mm辊径 辊面：滚花 辊压：50bar 辊隙：1.8mm 辊速：8r/min 整粒速度：60r/min 粗筛筛目孔径：2.0mm 整粒筛目孔径：1.0mm
终混	150L V型混合机 颗粒和滑石粉混合100转（12r/min下混合8.3min） 颗粒与硬脂酸镁混合48转（12r/min下混合4min）
压片	51冲旋转式压片机（使用51冲） 8mm标准圆形凹模 压片速度：40r/min 预压片力：1.0kN 压片力：8~11kN（目标硬度：8.0~10.0kP）

中间体和成品检测结果归纳于表3.51和表3.52中。

表3.51 中试批检测结果（中间体）

指标	可接受范围	结果
预混		
混合均匀度（RSD）(%)	<5（NIR法）	3.6
干法制粒和整粒		
薄片相对密度	0.68~0.81	0.74

续表

指标	可接受范围	结果
干法制粒和整粒		
颗粒粒度分布 d_{10}(μm)	50~150	96
颗粒粒度分布 d_{50}(μm)	400~800	618
颗粒粒度分布 d_{90}(μm)	800~1200	925
颗粒均匀度（RSD）(%)	<5	3.3
ffc	>6	7.35
终混		
混料均匀度（RSD）(%)	<5	2.7
混料含量（%）	95.0~105.0	100.2
压片		
单片片重(n=10, 每20min) (mg)	200.0±10.0	197.2~202.8
总片重(n=20, 每20min) (g)	4.00±0.12	4.04
硬度(n=10, 每20min) (kP)	目标：8.0~10.0 限度：5.0~13.0	8.8~9.4
厚度(n=10, 每20min) (mm)	3.00±0.09	2.97~3.06
崩解时限*（n=6）(min)	不超过5	1.5
脆碎度*（样重6.5g）(%)	不超过1.0	0.1

*运行的开始，中间和结束共测定3次。

表3.52 中试批检测结果（成品）

指标	标准限度	结果
性状	白色至灰白色，圆形片，带凹印K字样	白色圆形片，带凹印K字样
鉴别	A.HPLC保留时间：与标准一致 B.UV吸收：光谱与标准一致	A. 与标准一致 B. 光谱与标准一致
含量（%）	标示量的95.0~105.0	100.6
含量均匀度	接受值<15	接受值 = 4.9
溶出度（%）	30min 溶出度不低于80 [900mL 含2.0% SLS 的0.1mol/L HCl，使用USP二法（桨法），转速为75r/min]	96
有关物质（%）	杂质A：不超过0.5 单个未知杂质：不超过0.2 总杂质：不超过1.0	杂质A：0.10 单个未知杂质：0.06 总杂质：0.28

续表

指标	标准限度	结果
残留溶剂	应符合药典标准	符合药典标准
微生物限度	应符合药典标准	符合药典标准
水分（%）	应不超过4.0	1.8

七、人体生物等效正式试验

对中试批进行了由36名健康志愿者参加的随机、单剂量、双交叉空腹人体生物等效正式试验。结果显示，该中试批样品与对照药A具有生物等效性。对于C_{max}和AUC，90%置信区间均符合80%~125%生物等效性限度要求（表3.53）。同时进行了进食条件下人体生物等效正式试验，结果合格（未给出数据）。与对照药A相似，食物对自制样品A的药代动力学参数无明显影响。

表3.53 人体生物等效正式试验结果（空腹）

药动学参数	自制样品A	对照药A	自制样品A/对照药A
$AUC_{0-\infty}$（ng/mL·h）	2157.6	2098.5	1.028
AUC_{0-24}(ng/mL·h)	1999.7	1938.6	1.032
$t_{1/2}$（h）	6.2	6.3	—
C_{max}（ng/mL）	208.61	196.75	1.060
t_{max}（h）	2.56	2.54	—

八、工艺变量风险评估更新

表3.54呈现了生产工艺中如何降低风险。表3.55列出了整个生产工艺风险降低的合理性说明。

表3.54 工艺变量风险评估更新

成品CQA	工艺步骤				
	预混	干法制粒	整粒	终混	压片
含量	低	低*	低	低*	低
含量均匀度	低	低	低	低*	低

续表

成品CQA	工艺步骤				
	预混	干法制粒	整粒	终混	压片
溶出度	低	低	低	低	低
有关物质	低*	低*	低*	低*	低*

*对照初始风险评估，风险水平并无降低。

表3.55 工艺变量风险评估更新的合理性说明

工艺步骤	成品CQA	风险降低的合理性说明
预混	含量	开发并验证了一种在线NIR法确定混合终点。使用最终处方，所有的研发批和中试批的含量、含量均匀度和溶出度均达到可接受标准。该工艺步骤影响含量均匀度的风险从高降至低，影响含量和溶出度的风险从中降至低
	含量均匀度	
	溶出度	
干法制粒	含量均匀度	薄片相对密度在0.68~0.81范围内，整粒后ffc测定结果显示颗粒具有良好的流动性。该步骤影响含量均匀度的风险从高降至低
	溶出度	薄片相对密度在0.68~0.81范围内，理想的片剂硬度（8.0~10.0kP）可以通过调整压片力来实现。干法制粒影响溶出度的风险从高降至低
整粒	含量	整粒速度对所有药品质量属性均无显著性影响。整粒筛目孔径很关键，并将其设为1.0mm。使用该孔径后，所有的CQA均能通过使用合适的辊压和辊隙而达到。整粒影响含量、含量均匀度和溶出度的风险由高（含量均匀度）或中（含量和溶出度）降至低
	含量均匀度	
	溶出度	
终混	溶出度	在研究范围内，转数和硬脂酸镁比表面积对药片崩解或溶出度没有显著影响。风险从高降至低
压片	含量	饲粉器桨速和压片速度对片重差异、含量和含量均匀度均无显著影响。压片影响含量均匀度的风险从高降至低，影响含量的风险从中度降至低
	含量均匀度	
	溶出度	薄片相对密度在0.68~0.81范围内，所需片剂硬度（8.0~10.0kP）可通过调整压片力实现。当饲粉器桨速被控制在研究范围内（8~20r/min）时，未观察到混料被过度润滑。风险从高降至低

第四节 建立控制策略

自制样品A的物料控制策略总结于表3.56，工艺控制策略总结于表3.57，表3.58给出了自制样品A质量标准草案（摘要）。在产品获得批准后，自制样品A仍需进行工艺确认和持续工艺确证，在此过程中获得的额外知识将被用于控制策略的调整。美国FDA发布的工艺验证指南[20]应用风险决策的理念和持续改进的方法对产品和工艺生命周期进行科学管理，以持续保证工艺处于受控状态。读者可仔细研读该指南，以加深对药品研发阶段控制策略的建立与产品获批后控制策略实施的理解。值得指出，工艺设计阶段虽然至此已告一段落，但对产品和工艺的理解从来不会结束，变异也会一直存在，因此一直存在着改进，最后的质量平衡取决于商业决策。

表3.56 物料控制策略

物料	物料属性	小试研究范围	中试实际数据	商业化生产规模下拟采用的范围①	控制目的
原料药A	熔点	185~187℃	186℃	185~187℃	确保原料药A晶型为Ⅲ型②
	X射线粉末衍射（2θ值）	7.9°、12.4°、19.1°、25.2°	7.9°、12.4°、19.1°、25.2°	7.9°、12.4°、19.1°、25.2°	
	粒度分布②（d_{90}）	10~45μm	20μm	10~30μm	确保体外溶出与体内释药一致性
一水乳糖	粒度分布（d_{50}）	70~100μm	85μm	70~100μm	确保充分的流动性和批间一致性
MCC	粒度分布（d_{50}）	80~140μm	104μm	80~140μm	
CCS	粒度分布>75μm	不超过2%	1%	不超过2%	确保批间一致性
滑石粉	粒度分布>75μm	不超过0.2%	0.1%	不超过0.2%	确保批间一致性
硬脂酸镁	比表面积（m²/g）	6~10	8	6~10	确保充分润滑，降低延迟溶出

① 将在工艺验证的后期进行工艺确认和持续工艺确证。
② CMA。

表3.57 工艺控制策略

设备	工艺参数	小试研究范围	中试实际数据	商业化生产规模下拟采用的范围①	控制目的
V型混合机	转数*	250（25r/min，10min）100~500（20r/min，5~25min）	285（12r/min，23.8min）	根据原料药粒度分布决定目标值	混合终点确定采用在线NIR法，以确保始终符合CQA
V型混合机	混合机装料水平	~50%（1.0kg，4.4L）35~75%（5.0kg，17.6L）	~74%（50.0kg，150L）	~67%（150.0kg，500L）	

预混工艺过程控制

混合均匀度*	混合终点：RSD<5.0%（在线NIR法监测）

干法制粒和整粒工艺

设备	工艺参数	小试研究范围	中试实际数据	商业化生产规模下拟采用的范围①	控制目的
干法制粒机	型号	Alexanderwerk WP120（辊径120mm，辊宽25mm）	Alexanderwerk WP120（辊径120mm，辊宽40mm）	Alexanderwerk WP200（辊径200mm，辊宽75mm）	基于现有设备
干法制粒机	辊压*（bar）	20~80	50	31~121	确保所需的薄片相对密度、颗粒粒度分布、颗粒均匀度和流动性
干法制粒机	辊隙*（mm）	1.2~2.4	1.8	2.0~4.0	
干法制粒机	整粒速度（r/min）	20~100	60	20~100	
干法制粒机	整粒筛目孔径*（mm）	0.6~1.4	1.0	1.0	

干法制粒和整粒工艺过程控制

薄片相对密度*	0.68~0.81
颗粒粒度分布* d_{10}（μm）	50~150
颗粒粒度分布* d_{50}（μm）	400~800
颗粒粒度分布* d_{90}（μm）	800~1200
颗粒均匀度*（RSD）（%）	<5
颗粒流动性*（ffc）	>6

续表

设备	工艺参数	小试研究范围	中试实际数据	商业化生产规模下拟采用的范围①	控制目的
终混工艺					
V型混合机（滑石粉）	转数	100（25r/min, 4min）100（20r/min, 5min）	100（12r/min, 8.3min）	100（8r/min, 12.5min）	确保颗粒和滑石粉混合的均一性
V型混合机（滑石粉）	混合机装料水平	~38%（1.0kg, 4.4L）~49%（5.0kg, 17.6L）	~56%（50.0kg, 150L）	~50%（150.0kg, 500L）	
V型混合机（硬脂酸镁）	转数	75（25r/min, 3min）60~100（20r/min, 3~5min）	48（12r/min, 4min）	21~35（8r/min, 2.6~4.3min）	确保硬脂酸镁分布均匀，避免过度润滑
V型混合机（硬脂酸镁）	混合机装料水平	~38%（1.0kg, 4.4L）~49%（5.0kg, 17.6L）	~56%（50.0kg, 150L）	~50%（150.0kg, 500L）	
终混工艺过程控制					
混料均匀度（RSD）(%)		<5			
混料含量*（%）		95.0~105.0			
压片工艺					
旋转式压片机	饲粉器桨速（r/min）	8~20	15	8~20	确保片剂CQA（含量、含量均匀度、药物溶出）符合控制要求
旋转式压片机	压片速度（r/min）	20~60	40	20~60	
旋转式压片机	预压片力（kN）	1.0	1.0	1.0	
旋转式压片机	主压片力*（kN）	5~15	8~11	根据薄片相对密度决定	

续表

压片工艺过程控制	
单片重量($n=10$,每20min)(mg)	200.0±10.0
总片重($n=20$,每20min)(g)	4.00±0.12
硬度($n=10$,每20min)(kP)	目标:8.0~10.0,限度:5.0~13.0
厚度($n=10$,每20min)(mm)	3.00±0.09
崩解时限②($n=6$)(min)	不超过5
脆碎度②(样重6.5 g)(%)	不超过1.0

* CPP或中间体CQA。
①将在工艺验证的第2阶段进行工艺确认,并在工艺验证的第3阶段进行持续工艺确证;
②运行的开始、中间和结束共测定3次。

表3.58 自制样品A质量标准草案(摘要)

项目	标准限度
性状	白色至灰白色,圆形片,带凹印K字样
鉴别	A. HPLC保留时间:与标准一致 B. UV吸收:光谱与标准一致
含量*	标示量的95.0%~105.0%
含量均匀度*	接受值<15
溶出度*	30min溶出度不小于80%[900mL含2.0%SLS的0.1mol/L HCl,使用USP二法(桨法),转速75r/min]
有关物质*	杂质A:不超过0.5%,单个未知杂质:不超过0.2%, 总杂质:不超过1.0%
残留溶剂	应符合药典标准
水分	不超过4.0%
微生物限度	应符合药典标准

*可能受处方和(或)工艺变量影响的产品CQA。

一、物料属性控制策略

依据熔点和X射线粉末衍射2θ值,确保原料药A为Ⅲ型结晶体。

原料药 A 的粒度分布限度源于其对体外混合和溶出以及体内释药的综合影响。人体生物等效预试验结果表明，使用粒度分布 d_{90} 为 30μm 或更小的原料药 A 生产的自制样品 A 与对照药 A 具有生物等效性。在处方开发和理解阶段，发现 d_{90} 小于 14μm 的粒度分布在使用固定的预混工艺下不能保证良好的流动性和含量均匀度。然而，在预混工艺开发和理解阶段，采用了一个经验证的在线 NIR 法确定混合终点，这允许使用 d_{90} 为 10 至 30μm 范围内的原料药 A 时能达到可接受的混合均匀度和制剂 CQA。

辅料粒度分布标准基于所选择辅料的级别。对于一水乳糖和 MCC，设定了 d_{50} 内控标准，以确保批间一致性。

二、预混工艺控制策略

干法制粒前预混工艺步骤的风险评估更新表明，可通过调整转数以适应原料药 A 不同的粒度分布，从而降低其影响混合均匀度的风险。开发并验证了一个在线监测混合均匀度的 NIR 法。基于反馈控制，当连续 10 次测量的移动区间 RSD 均小于 5% 时，即认为混合均匀而终止混合。

三、干法制粒和整粒工艺控制策略

干法制粒控制策略的目的是使薄片密度维持在要求的范围内，以确保符合药品 CQA。在日常操作中，为了将薄片相对密度维持在 0.68~0.81 之间，对辊压和辊隙进行控制。在干法制粒时，将薄片相对密度作为一个中间体 CQA 予以监控。

对于整粒，选择整粒筛目孔径（1.0mm）以确保颗粒粒度分布保持在可接受范围内。建立整粒速度可接受范围（20~100r/min），并在此范围内进行调整，以适应干法制粒步骤的不同产量。如果整粒筛目孔径有变化（如增大或减小），将在预设的薄片密度范围内对颗粒粒度分布和颗粒含量的影响进行再评估。

四、终混工艺控制策略

对颗粒与滑石粉混合的控制策略旨在维持目标转数。对于使用硬脂酸镁润滑颗粒，控制策略是根据所使用的混合机顶空分数和混合机容量对转数进行调整。

五、压片工艺控制策略

压片工艺的控制策略旨在维持片重、硬度、厚度、脆碎度和崩解时限等片剂质量属性在要求的范围内。压片机配置了压片力反馈控制。基于压片力反馈，冲模台下的填充凸轮将下冲调整至适宜高度，从而控制装料深度并最终控制片重和片剂含量均匀度。在每一次运行开始时，建立所需的目标压片力以生产出具有目标硬度、脆碎度和崩解时限的片剂。在压片机调试阶段，获得具有目标片重和硬度的片剂后，固定上冲穿透深度和装料深度。

在整个运行期间，连续测量每一片的压片力，与目标压片力对比。主压片高度自动调整，以保证平均压片力尽可能接近目标设定点。设定压片力的上下限，任何明显超出该范围的药片将被压片机自动剔除。

第四章 基于QbD的分析方法验证

与工艺验证的QbD十分类似，分析方法验证的QbD也存在许多重要的因素。这些因素主要包括：

（1）预设目标的重要性。在方法验证一开始，首先要确定ATP和方法关键性能特性。

（2）需理解方法，即要有能力将方法性能特性解释为方法输入变量（如材料属性）和方法参数的函数。

（3）需建立方法控制策略，以便在其使用的所有预期环境中，该方法能始终如一地提供高质量的分析数据。

（4）需在其使用的整个生命周期中，持续评价来自于方法设计和方法确认阶段的方法性能，包括持续改进。

分析方法验证的QbD已在本书第一章概括性描述，并可用图4.1来进一步说明。

第一节 基于QbD的方法设计

一、确定ATP和方法关键性能特性

在进行方法开发和理解之前，应根据QTPP、产品CQA和过程控制要求等，确定ATP和方法关键性能特性。

建立ATP时，应着重考虑以下几点：① 需要检测什么？为什么要检测？② 该检测长时间用于何处？③ 采用什么合适的分析技术和方法进行此类检测？④ 该检测所要求的方法性能特性有哪些？哪些是方法关键性能特

性？⑤所涉及的方法性能特性要达到什么目标标准？⑥实验室能提供哪些仪器设备或技术条件来支持此类检测？

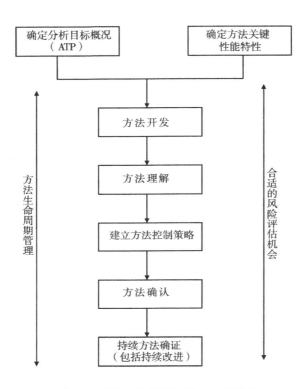

图4.1 分析方法验证的QbD一般过程

现参照有关文献[21]，以研发某一片剂产品为例，给出其ATP的主要内容，如表4.1所示。

各国对分析方法类型及其方法性能特性的要求略有差异。ICH将方法类型分为鉴别测试、杂质定量分析、杂质控制的限度测试、原料药或制剂中活性成分或其他成分的定量测试共4大类。USP也分为4类：类别Ⅰ用于原料药中主要成分或药物制剂中活性成分（包括防腐剂）定量测试的方法；类别Ⅱ用于原料药中杂质或制剂中降解成分测定的方法，包括定量和限度测试；类别Ⅲ用于性能测试的方法（如溶出度或释放度）；类别Ⅳ用于鉴别测试。对方法性能特性，需依据方法类型进行选择。以USP与ICH比较为例，对于USP类别Ⅰ的方法性能特性评估，涉及准确度、精密度、专属性、线性与范围，ICH与之相同。对于USP类别Ⅱ的杂质定量分析，涉及准确度、精密度、专属性、定量限、线性和范围，ICH与之相同。对于USP类别Ⅱ的杂质限度测试，涉及专属性、准确度（根据特定方法特性决定是否需要）、检测限、范围（根据特定方法特性决定是否需要），而ICH仅要求专属性和检测限。对于USP类别Ⅲ，涉及精密度和其他参数（根据特定方法特性决定是否需要），ICH无此要求。对于USP类别Ⅳ，与ICH要求相同，均只要求专属性。我国药典（2010年版）对分析方法的分类及其对方法性能特性的要求与USP基本一致。

表4.1 某一片剂产品的ATP主要内容*

类别	要素	目标
鉴别（红外光谱）	专属性	与对照品图谱一致
溶出度（HPLC）	精密度(重复性) 中间精密度 专属性 线性 范围 准确度	RSD≤2.0%，n≥6 RSD≤2.0%，溶出结果差应≤5% 色谱峰分离，空白片影响≤2.0% n≥6，R^2≥0.990，截距≤5% 低于标准的20%至标示量的120% 回收率：95%~105%，RSD≤2.0%
含量（HPLC）	精密度（重复性） 中间精密度 专属性 线性 范围 准确度	RSD≤2.0%，n≥6 RSD≤2.0% 色谱峰分离，空白辅料影响≤2.0% n≥6，R^2≥0.990，截距≤5% 至少标示量的80%~120% 回收率：98%~102%（n=9，3个浓度，每个浓度测定3次），RSD≤2.0%
有关物质（HPLC）	精密度（重复性）	n≥6 限度≤0.1%：RSD≤30% 0.1%<限度≤0.2%：RSD≤20% 0.2%<限度≤0.5%：RSD≤10% 0.5%<限度≤5%：RSD≤5.0% 限度>5%：RSD≤2.5%

续表

类别	要素	目标
有关物质（HPLC）	中间精密度	限度≤0.1%：RSD≤40% 0.1%<限度≤0.2%：RSD≤30% 0.2%<限度≤0.5%：RSD≤15% 0.5%<限度≤5%：RSD≤7.5% 限度>5%：RSD≤4.0%
	专属性	色谱峰分离，空白辅料无干扰 峰纯度检测合格
	线性	$n \geq 6$，$R^2 \geq 0.990$，截距≤25%
	范围	定量限~标准的120%
	准确度	$n=9$，3个浓度，每个浓度测定3次 限度≤0.5%：回收率80%~120%，RSD≤10% 0.5%<限度≤5%：回收率90%~110%，RSD≤5.0% 限度>5%：回收率95%~105%，RSD≤2.5%
	定量限	信噪比≥10，RSD≤10%
	检测限	信噪比≥3，RSD≤20%

*此表仅供参考，并不意味着遵循它就能达到法规要求。此表对文献[21]第215页表179的内容做了一些修改。

溶液稳定性、系统适用性和耐用性等方法性能特性为一般要求。值得注意的是，不同的方法性能特性对分析结果的影响不同。对于影响显著的方法性能特性，即方法关键性能特性，要重点加以研究并应严格控制。例如，针对有机溶剂残留的检查（GC法），方法关键性能特性可以是定量限；针对有关物质限度检查（HPLC法），关键特性可以是专属性和灵敏度；针对主成分含量测定（HPLC法），关键特性可以是中间精密度。对于影响不大显著的方法性能特性，则可放宽要求。

二、方法开发和理解

一旦定义ATP和方法关键性能特性，就可以选择能满足ATP要求和商务需求的合适技术和条件进行方法开发。可采用已有方法，也可以新建方法或优化已有方法。以美国 FDA 推荐的 QbD 方法在药品仿制中的应用实例——速释片[11]为例，对鉴别、含量测定和有关物质检查等项目，采用已颁布的质量标准中的方法。对于溶出度检查，则需在美国 FDA 推荐的方法基础上基于工艺设计的需要进行改进。从该实例中可以看到，速释片的原料药成分属于难溶性和高渗透性化合物。由于其低溶解度，药物释放通常是速率限制过程。因此，应详尽评估溶出指标。在处方前研究阶段，首先使用美国 FDA 推荐的参比制剂溶出方法：桨法，转速 75r/min，900mL 含 2.0% SLS 的 0.1mol/L HCl 为溶出介质[溶出介质温度为（37±0.5）℃]，用紫外分光光度法在 282nm 波长处测定药物浓度。结果，参比制剂显示出快速溶出，对介质 pH 不敏感。但此法无法辨别出使用不同粒度分布的原料药生产的制剂，也无法预测其在人体生物等效试验中的体内释药行为，故必须开发一种内部溶出方法。考虑到目标产品为速释片，预期在胃内溶出和在小肠上部吸收，因此，仍选用低 pH 的溶出介质（0.1mol/L HCl），桨法，转速和溶出介质的量不变。测定原料药在生物相关性介质（人工胃液和人工肠液）、含 0.5% SLS 的 0.1mol/L HCl、含 1.0% SLS 的 0.1mol/L HCl 和含 2.0% SLS 的 0.1mol/L HCl 中的溶解度。结果发现，原料药在 0.1mol/L HCl 和 1.0% SLS 介质中的溶解度与其在生物相关性介质中的溶解度相似。因此，以含不同浓度 SLS 的 0.1mol/L HCl 为溶出介质进行溶出曲线测定，最终开发出一种新的溶出方法：桨法，75r/min，使用 900mL 含 1.0% SLS 的 0.1mol/L HCl 的溶出介质。此种方法不仅能检测出通过故意改变原料药粒度分布而引起的制剂溶出变化，还能预测其体内性能（生物利用度）。

在建立分析方法后，需基于风险评估进行一系列侧重于理解方法的活动，从中识别出一系列方法控制策略，以满足 ATP 要求。与工艺理解十分类似，方法理解过程就是方法特性研究和方法优化的过程。此时，可视情况决定是否采用 DoE 进行研究，以充分理解材料属性和方法参数与方法关键性能特性之间的关系。在此基础上确定关键材料属性和关键方法参数，并建立方法设计空间和方法控制策略。

风险评估工具，如鱼骨图和 FMEA 等，可用于确定需研究和需控制的变量。风险评估的有关内容见本书有关章节。

耐用性研究通常采用DoE在方法因子水平上进行，以保证用最少量实验获得最大理解。DoE的输出应能保证该方法在精心设计的系统适用性测试中满足ATP要求（即能保证该方法在方法设计空间内操作）。

当理解方法稳健性时，重要的是要考虑该方法在常规使用中可能遇到的各种变量（如不同分析人员、试剂和仪器等）。工具，如测量系统分析（measurement system analysis，MSA），是一种检查此类变量的结构化实验方法。

方法开发和理解的实施步骤与本书第二章所述工艺开发和理解的实施步骤十分类似，主要包括：

（1）选择分析技术和方法条件。

（2）找出所有可能影响分析结果的已知材料属性和方法参数。

（3）通过风险评估和科学知识确定高风险属性和（或）参数。

（4）选择这些高风险属性和（或）参数的水平或范围。

（5）实验方案设计并进行实验研究，必要时可采用DoE。

（6）分析数据，确定所研究属性或参数的关键性。当属性或参数的实际变化明显影响分析数据的质量时，该属性或参数即是关键的。对风险评估进行更新。

（7）建立合适的控制策略。对于关键变量，定义可接受范围。对于非关键变量，可接受范围即为研究的范围。

下面参考有关文献[22]，给出一个实例。该实例虽未直接呈现ATP等QbD元素及风险评估等，但能帮助读者理解DoE在方法开发和理解中的具体应用。其他实例可参考文献[23]。

1. 研究背景

对化学药品中杂质的控制是目前药品质量控制的热点和难点。按照QbD理念，采用DoE建立有效的杂质控制方法，不仅可以保证对药品中可能存在的各种潜在杂质的有效控制，且可以保证分析方法的耐用性和稳健性。

目前各国药典均采用RP-HPLC梯度洗脱法控制洛伐他汀中的有关物质。本实例基于QbD理念，采用DoE，利用一批含杂质较多的洛伐他汀原料药确定HPLC系统，优化色谱条件，建立有效控制洛伐他汀有关物质的分析方法。

2. 研究设计

1）析因设计筛选色谱系统

各国药典及文献均采用乙腈作为洛伐他汀分析中的强溶剂。预实验发现，采用乙腈作为流动相中的强溶剂分离效果较理想，故不再对流动相中的强溶剂进行筛选。USP和EP/BP采用C_8色谱系统分析洛伐他汀中的有关物质，而我国药典则采用C_{18}色谱系统。为此，先采用析因设计筛选色谱系统。

经预实验，确定2^4析因设计方案，共通过16次实验筛选色谱系统。采用随机法安排实验，具体设计方案与实验安排见表4.2。ANOVA确定因子的显著性。分别选择杂质峰A与杂质峰B的分离度、杂质峰D与主成分峰的分离度、杂质峰E与杂质峰F的分离度、杂质峰个数作为响应指标。

2）中心复合设计优化色谱条件

在析因设计进行筛选的基础上，采用中心复合设计优化色谱条件。分别选择主成分峰与相邻杂质峰的分离度、分离的杂质峰个数以及最后洗脱杂质的容量因子为响应指标，应用Design Expert Version 8.0.2软件，对HPLC系统的流速（A）、柱温（B）、梯度洗脱时间（C）这3个因子进行优化。

表4.2 2^4析因设计方案与实验安排

因子			水平	
			-1	+1
X_1：固定相			C_8	C_{18}
X_2：梯度洗脱时间（min）			20	40
X_3：柱温（℃）			25	40
X_4：流速（mL/min）			1.0	1.5
批号	X_1	X_2	X_3	X_4
1	C_8	20	25	1.0

续表

批号	X_1	X_2	X_3	X_4
2	C_8	40	25	1.0
3	C_8	40	40	1.0
4	C_{18}	20	25	1.0
5	C_8	40	40	1.5
6	C_8	20	40	1.0
7	C_{18}	40	25	1.5
8	C_{18}	20	25	1.5
9	C_{18}	40	40	1.5
10	C_{18}	40	40	1.0
11	C_{18}	20	40	1.5
12	C_8	20	40	1.5
13	C_{18}	20	40	1.0
14	C_8	20	25	1.5
15	C_{18}	40	25	1.0
16	C_8	40	25	1.5

3. 实验结果

1) 色谱系统筛选实验结果

采用ANOVA对实验结果进行分析（表4.3）。当任何一个独立因子$P<0.05$时，该因子具有显著性影响。分析结果显示：色谱柱类型（X_1）对所有响应指标具有显著性影响，尤其是对杂质峰的分离度影响最大；柱温（X_3）和流速（X_4）对杂质峰A和杂质峰B的分离度有显著影响。流速（X_4）对杂质峰E和杂质峰F的分离度有显著影响。流动相的梯度洗脱时间（X_2）对杂质峰个数有显著影响。交互作用结果显示：各因子之间具有一定的交互作用。各种情况下R^2均大于0.9。

表 4.3 ANOVA结果*

因子	杂质峰A和杂质峰B分离度		杂质峰D和主成分峰分离度		杂质峰E和杂质峰F分离度		杂质峰个数	
	F值	P值	F值	P值	F值	P值	F值	P值
X_1	104.50	0.0020	223.20	<0.0001	641.90	<0.0001	15.75	0.0054
X_2	0.06	—	12.04	0.0052	6.47	0.0510	43.75	0.0003
X_3	47.96	0.0010	—		3.64	0.1147	1.75	0.2275
X_4	35.79	0.0019	0.08	0.7731	60.48	0.0006	1.75	0.2275
X_1X_2	2.219×10^{-3}	—			12.40	0.0169	7.00	0.0331
X_1X_3	39.26	0.0015			2.392×10^{-3}	—		
X_1X_4	3.73	—	6.39	0.0281	46.22	0.0010	7.00	0.0331
X_2X_3	19.19	0.0071			1.27	—	7.00	0.0331
X_2X_4	13.85	0.0137			2.30	—	28.00	0.0011
X_3X_4	24.47	0.0043			5.06	—		
R^2	0.9830		0.9565		0.9936		0.9412	

*$P>0.05$的无意义交互作用被删除。X_1为固定相,X_2为梯度洗脱时间,X_3为柱温,X_4为流速。

实验结果显示:采用C_{18}色谱柱时,各个杂质峰之间以及主成分峰与杂质峰之间的分离度增大,杂质的分离数目增多,因此选择C_{18}色谱系统做进一步优化。

2)中心复合设计优化色谱条件实验结果

采用中心复合设计对C_{18}色谱系统中的流速(A)、柱温(B)和梯度洗脱时间(C)进行优化。实验数据经ANOVA分析,并删除无显著相关项后,可清楚显示:因子A和因子C对分离的杂质峰数目、主成分峰与相邻杂质峰的分离度和最后洗脱杂质的容量因子均具有显著影响;因子A和C的交互作用对主成分峰与相邻杂质峰之间的分离度也有显著影响;而因子B的影响则不显著(表4.4)。诸响应指标(Y)与各因子的拟合方程列于表4.5。

表4.4 ANOVA结果*

因子	主成分峰和相邻杂质峰分离度		分离的杂质峰个数		最后洗脱杂质的容量因子	
	F值	P值	F值	P值	F值	P值
A	15.51	0.0011	24.52	<0.0001	216.21	<0.0001
B	1.38	0.2555	0.84	0.3703	0.45	0.5120
C	45.44	<0.0001	113.50	<0.0001	12.96	0.0022
AB	1.09	—	—	—	—	—
AC	10.79	0.0044	—	—	—	—
BC	0.21	—	—	—	—	—
A^2	64.55	<0.0001	—	—	51.08	<0.0001
B^2	0.33	—	—	—	6.04	0.0250
R^2	0.8912		0.8632		0.9444	

*P>0.05的无意义交互作用被删除。A为流速，B为柱温，C为梯度洗脱时间。

表4.5 响应模型和统计参数*

响应指标	拟合方程	方程P值	RSD(%)	准确度
主成分峰与相邻杂质峰分离度	$4.79+0.24A+0.073B+0.33C+0.091AB-0.2AC+0.028BC-0.53A^2-0.038B^2$	<0.0001	5.57	16.612
分离的杂质峰个数	$6.81+0.48A+0.088B+0.81C$	<0.0001	5.68	19.580
最后洗脱杂质的容量因子	$4.92-0.85A+0.038B+0.16C+0.022AB-0.024AC-0.072BC-0.46A^2-0.15B^2$	<0.0001	5.06	20.078

*正号表示正相关，负号表示负相关。A为流速，B为柱温，C为梯度洗脱时间。

采用等高线重叠图法，保持因子C（梯度洗脱时间）不变，将所有因子A和因子B与所选择的不同响应指标的等高线图重叠，对流速（因子A）和柱温（因子B）进行总体优化。等高线重叠图（图4.2）结果表明，在实验设计范围内，最优的色谱条件是：梯度洗脱时间为40min，流速为1.05mL/min，柱温为30℃。

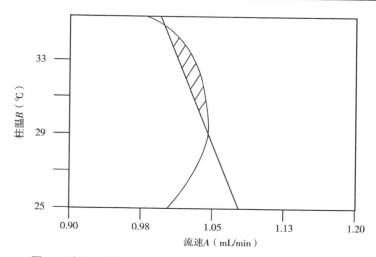

图 4.2 流速和柱温与所选择的响应指标的等高线重叠示意图

□：一个或多个响应指标不符合要求；▨：所有响应指标都符合要求。
C（梯度洗脱时间）为 40min。

最终确定的色谱条件为：C_{18} 色谱柱（4.6mm×250mm，5μm）（我国药典采用的色谱柱），乙腈-0.01%磷酸溶液（65∶35）为流动相（USP 和 EP/BP 采用的流动相体系），线性梯度洗脱，流速 1.0mL/min，柱温 30℃，梯度洗脱时间 40min，检测波长 238nm，进样量 10μL。洛伐他汀色谱图中色谱峰的诸参数值列于表 4.6。

表 4.6 用优化色谱条件分析得到的洛伐他汀及其有关物质的色谱特征参数

色谱峰	保留时间（min）	峰面积	分离度	理论板数	容量因子
洛伐他汀	10.14	14674719	3.17	17182	1.38
杂质 1	4.26	4082	—	5503	0.00
杂质 2	5.78	12330	6.40	8953	0.36
杂质 3	6.36	9383	2.34	9987	0.49
杂质 4	8.54	13964	8.40	16679	1.00
杂质 5	9.21	7718	2.48	17950	1.16
杂质 6	11.73	6253	5.34	27945	1.75
杂质 7	16.35	4236	14.52	33650	2.84
杂质 8	28.22	10322	38.63	191748	5.62

3）方法学研究结果

经方法学研究表明，辛伐他汀与洛伐他汀峰之间的分离度不小于8，理论板数按辛伐他汀峰计算不低于2000，洛伐他汀色谱保留时间约为10min，与其有关物质分离良好，连续进样重复性（$n=6$）RSD=0.87%，平行测定重复性（$n=6$）RSD=1.6%，RSD均小于2.0%，所配溶液在室温条件下放置10h内稳定，检测限约为0.25ng，定量限约为0.80ng。

4）有关物质检测结果

用优化的方法检测两个厂家的6批洛伐他汀原料药中的有关物质。结果发现，该原料药中共含有杂质7~9个，其杂质总量约为0.5%，与2010年版我国药典方法的测定结果基本一致。优化的方法比USP方法的分离度更好，比EP/BP方法分离出的杂质更多，比我国药典方法所需时间更短，并能达到更好的分离效果。

与工艺设计十分类似，在方法开发和理解之后，即可建立方法控制策略。方法性能特性、材料属性和方法参数等是方法控制策略的主要内容，应特别注意对关键变量的控制。例如，基于ATP和风险评估，确定定量限、准确度和分离度为某一速释片有关物质定量检测(HPLC法)的关键性能特性。方法开发阶段，通过一系列研究建立了分析技术和方法条件:反相HPLC法，C_{18}柱（150mm×4.6mm，3μm），线性梯度洗脱，流动相A为0.05%三氟乙酸，流动相B为乙腈/水/三氟乙酸（90/10/0.05），运行时间为35min。方法理解阶段，首先从所有已知材料属性和方法参数中基于风险评估确定9个高风险变量，并给出各自研究的范围。再采用2^{9-5}部分析因设计（分辨度Ⅲ），共进行20次实验（其中4次为中心点重复实验），通过ANOVA（市售软件）与前述3个方法关键性能特性关联分析，表明定量限主要受进样量影响，准确度主要受检测波长影响，分离度主要受三氟乙酸用量、梯度1和2中流动相B所占混合流动相比例及流速的影响。在此基础上，确定关键材料属性和关键方法参数，最终分析方法得以优化，初始风险评估得以更新，方法控制策略得以建立（表4.7）。

表 4.7 某一速释片有关物质 HPLC 法定量检测控制策略示例（部分）

属性或参数	方法开发后得到的实际数据	方法理解中研究的范围			可接受范围	日常操作中拟采用的目标值
		低	中	高		
三氟乙酸浓度（%）	0.05	0.05	0.075	0.10	0.05~0.075	0.075
梯度1中流动相B所占比例（%）	10	7	10	13	7~11	10
梯度2中流动相B所占比例（%）	18	14	18	22	14~18	18
流速（mL/min）	1.0	0.8	1.0	1.2	1.0~1.2	1.0
波长（nm）	270	262	270	278	270~278	270
进样量（μL）	5	3	6.5	10	6.5~10	6.5
柱温（℃）	30	27	30	33	27~33	30
检测器类型	UV	DAD, UV			不限	不限
色谱柱批号	1	1, 2			不限	不限

第二节 基于 QbD 的方法确认和持续方法确证

通常情况下，分析方法需要进行确认，以评估其在实际使用环境（包括人员、仪器、样品、试剂等）中的适用性。

方法确认阶段在整个分析方法验证过程中是一个起连接和过渡作用的阶段，其基本内容与工艺确认类似，主要涉及方法安装确认（IQ）、方法运行确认（OQ）和方法性能确认（PQ）等，此处虽未详细叙述，但它关系到方法设计空间和方法控制策略建立的科学性，因此非常重要。

如本书第一章所述，持续方法确证包括持续方法性能监测和相关变更后方法性能确证。

为了确保在方法的整个生命周期内分析数据的可靠性，应在产品研发后期稳定性考察阶段样品分析中纳入适当的检测手段，以证实方法和系统的性能能在样品分析时与最初规定相同。这类检测无需覆盖方法设计和方法确认阶段测试的所有方法性能特性，但必须重视方法关键性能特性，尤其是那些最可能随时间改变的特性，以评估方法的稳健性。应制定此类检测的实施程序，并加以文件化。

常规的持续方法性能监测是系统适用性测试。色谱方法的系统适用性测试通常包括分离度、重复性、拖尾因子和理论板数等。建议把系统适用性测试作为任何分析方法和分析过程的组成部分，而不仅仅是那些涉及色谱技术的方法。

由于持续改进活动需在不同环境下操作，所以分析方法可能经历一系列变更。有必要根据对方法性能知识的理解，考虑方法操作条件的所有变更。对于变更，应进行风险评估，并在此基础上确定是否需要进行合适的性能确认活动。方法使用过程中可能发生的变更及可能采取的行动如本书第一章所述，并举例如下（参考图1.11）。

实例1：在方法设计空间内，方法操作条件发生改变（如对于已批准的HPLC流速范围为1~2mL/min的方法，从1mL/min改变为1.5mL/min）。无需向药监部门申请，可直接实施改变。该改变相当于在法规允许的范围内自行进行调整。

实例2：在方法设计空间外发生的方法操作条件变更（如实例1中使用的方法，变更流速为0.8mL/min）。采取的行动是进行风险评估，以考察ATP中哪些性能特性可能受该变更影响。然后进行合适的方法性能确认，以确定该变更不影响方法满足ATP的能力。

实例3：变更场所，即方法转移。采取的行动是进行风险评估，以考察该变更产生的风险。采取合适行动，以确保变更后安装有足够方法控制措施（如提供培训、转移知识和建立试剂新供应商等）。进行合适的方法性能确证，以确保该变更不会对方法性能产生不利影响。

实例4：变更为新方法或新技术（即变更要求建立新的方法设计空间，用于改进或商业目的）。采取的行动是进行方法开发和理解（即方法设计）及方法确认，以证明新方法符合ATP。

实例5：变更影响ATP（如质量标准限度变更，需将方法应用于原ATP

中未考察的分析物浓度）。采取的行动是更新ATP，审核现有的方法确认阶段的数据，并确定这些数据是否仍符合新的ATP要求。如不符合，则重新回到方法设计阶段，并重新确认该更新的方法。

第三节　基于QbD的方法转移

基于QbD的方法转移用于确定一个实验室（接受方）有知识和能力使用来源于另一个实验室（转移方）的分析方法，以达到预期的ATP要求。转移的范围和程度以及实现的策略应基于对经验和知识、产品标准以及分析方法的复杂程度等因素的风险评估。转移的方式包括比较测试、共同确认、重确认和转移免除等。比较测试是最常用的方法转移方式，用已确认过的方法进行。因为属于比较性研究，不需要挑战所有性能特性，仅要求转移方和接受方对同一批样品进行预定数量的测试，对比两个实验室所得数据的平均值和精密度，对分析数据进行统计学处理，考察其等效性。共同确认指的是在方法未被完全确认时，接受方作为确认团队的一员，参加到转移方的实验室共同确认。作为方法确认的一部分，接受方可能参与产生数据，以确定方法的重现性。此种情况下，接受方可被认为处于方法设计空间内。在接受方实验室内，任何方法随后在设计空间内的操作均不被认为是一种变更。但在重现性研究开始前，接受方应进行与方法安装有关的活动。重确认是接受方重复部分或全部确认实验来挑战一些适用的方法性能特性。此方法较费时，较难发现存在于不同实验室、不同操作人员及不同仪器间的差异，不能保证不同实验室间测试方法的等效性，因而较少采用。在新产品配方与现有产品类似，且接受方已有这样的分析经验，转移的方法与现在已使用的方法相同或相似，或负责产品研发、方法确认或日常分析的转移方人员调职到接受方，可获得转移免除。这4种转移方式的大致过程可总结于图4.3。

在基于QbD的方法转移过程中，转移方应对接受方提供培训，或者接受方需在转移方案批准前进行预实验以发现可能需要解决的问题。培训要依据研发的阶段、方法的复杂程度以及对于相关仪器的经验，应涵盖尽可能多的技术项目（包括安全事项和方法注意事项）。应制定方法运行的详细规程。在分析方法转移执行前，应详细讨论、确定经过精心设计的转移方案。转移方案至少应包括范围、转移方和接受方的职责、检验规程、研究设计与可接受标准（ATP）等。当分析方法转移完成后，接受方应起草方法转移报告，报告要包括获得结果与可接受标准（ATP）的对比以及对于接受方是否通过此次方法转移来正常运行此分析方法的批准。如果不符合可接受标准（ATP），应启动调查程序来确定失败的原因。调查能对补救措施的方向和程度提供指导。补救措施根据不同情况可以是对于分析人员的进一步培训以及对于复杂检验规程的进一步说明等。

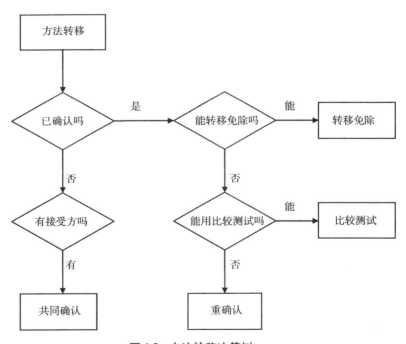

图4.3 方法转移决策树

总之，基于QbD的方法转移活动已成为生命周期方法验证内在组成部分。基于QbD的方法转移应达到所有验证阶段的ATP要求。

最近，美国PDA发布第65号技术报告——技术转移（PDA TR65—Technology Transfer），对生产工艺转移和分析方法转移进行规范，其中涉及QbD和风险评估在分析方法转移中的应用原则和示例，读者可仔细研读。

第五章 基于QbD的药品研发与PAT

第一节 概述

通常，产品制备过程中各个工艺环节的检测都是取样后送到分析部门来实施，此即离线（off-line）分析。而QbD要求对工艺过程进行实时监测。这样做的好处是可以随时监控质量，指导研发和生产。这就是近年来在国际上发展起来的过程分析技术（PAT）。PAT的应用可以作为研发阶段建立控制策略的一部分，并与风险评估一起成为采用QbD进行药品研发的核心理念和工具。在各种PAT工具越来越多地应用于药品研发和生产的现实情况下，深入探讨与PAT相关的新理论与新技术有助于对QbD应用于药品研发的进一步理解和实施。

所谓PAT，按照美国FDA于2004年颁布的PAT行业指南中的定义[24]，指的是：以实时监测（如在生产过程中）原材料、中间体和工艺的关键质量和性能属性为手段，建立起来的一种设计和分析控制生产过程的系统。也就是说，在生产过程中，通过过程分析仪等对原材料、在线物料以及工艺过程的关键质量和性能属性进行实时测量，并对这些数据进行分析和统计，形成有效的模型，最终来理解和控制生产过程，以确保终产品的质量。

PAT的基本原理包括风险管理思想、综合系统理念和实时放行。也就是说，基于科学和风险概念，通过对生产过程中能明显影响产品CQA的各变量的实时测量和分析，综合判断过程终点，确保终产品质量，达到实时放行的目的。PAT主要强调的是理解并控制生产过程（包括生产过程中关键变量与产品CQA之间的关系），而不是终产品。

PAT工具模块及其实际应用主要涉及以下四个主要方面[25]。

（1）多元数据采集和统计分析。多元数据统计分析能将PAT提供的原始信息与产品CQA联系起来。基于数据分析的结果，对工艺的控制变量进行调整，以确保符合产品CQA。多元数据采集和统计分析需要建立对工艺的科学理解，识别影响产品质量的CMA和CPP，并将这些知识纳入过程控制中。

（2）过程分析仪。过程分析仪可提供实时和现场的生产状态数据，连续采集到的工艺信息能对反应组分（反应物、中间体、产物、副产物、催化剂等），反应程度，反应速率，反应终点，临界条件和安全控制，工艺过程效率和无错率（质量、重复性和收率）等进行分析，从而为工艺的进一步优化提供基础[26]。

过程分析仪的应用方式主要包括：①近线（at-line）。指测量时，利用过程传感器，在接近流水线的地方进行现场分析。②线上（on-line）。指测量时，利用自动取样装置自动取样，调节反应条件，送至分析仪器进行分析，检测结束后样品可能返回流水线。③线内（in-line）。指测量时样品不从流水线上隔离出来，并且检测结束后样品不遭到破坏。

（3）过程监测和控制工具。指的是工艺过程的终点监测与控制。通过对各变量的实时测量来判断过程的终点，而不是传统的以时间为限。

（4）持续改进和知识管理。用科学的数据来支持注册申请批准后出现的变化，增加对工艺的理解，从而达到不断创新和持续改进的目的。

传统的过程分析需要经过取样、样品运输和实验室分析等步骤才能实现。在此过程中可能存在各种风险（如取样的代表性、样品是否被污染等），也存在分析的滞后性等，不能即时反映出工艺状态。由于采用固定的工艺参数生产，在输入变量发生变化时，这种变化就会由固定的工艺操作传递到中间体和终产品中，造成终产品质量发生变化。一旦需要工艺变更，则需开展大量研究，以证明工艺改进的合理性。这种以不变应万变的做法，导致终产品的质量始终在变。而PAT与传统方法不同。PAT将产品质量建立于工艺过程而非产品的质量检验。采用PAT方法来进行过程监测和控制，过程可变，为可调工艺，可较好地应对各变量变化，从而能确保终产品质量是恒定的（图5.1）。可见，PAT方法就是以变制变，最终实现不变。

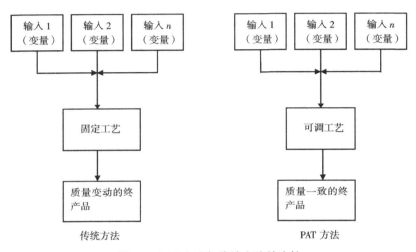

图5.1 PAT方法与传统方法的比较

除此之外，PAT还具有以下优势：①缩短生产周期，降低操作运行成本，减少时间与资金消耗；②增加能源和原材料等的利用率，提高生产效率和灵活性；③增加安全性和减少环境污染等。

第二节 PAT应用过程

一、数据采集

一般采用各种在线监测仪器设备（如取样系统、检测装置和信号处理系统等）进行数据采集。可根据不同的检测装置和工作原理，将数据采集技术进行分类，主要可分为光谱（如近红外光谱）技术、色谱（如HPLC、GC）技术、质谱技术、核磁共振技术和传感器技术等。

近红外光谱（NIR）技术：如在片剂生产过程中，各种固体物料的颗粒大小及分布会影响每一步生产过程和最终收率。由于近红外光很容易被颗粒散射，从而使得近红外光谱结合漫反射技术能快速和非破坏性测定固体制剂中各种成分包括活性成分、辅料及中间颗粒的大小和分布[26]。

拉曼（Ramam）光谱技术：常用的拉曼光谱技术包括显微共焦拉曼光谱技术、傅里叶变换拉曼光谱技术、共振增强拉曼光谱技术和表面增强拉曼光谱技术等。特别是，傅里叶变换拉曼光谱仪的出现，激发光源的能量相对减弱很多，能最大程度抑制样品产生荧光，是一种快速、简便和准确的分析方法。拉曼光谱技术与NIR技术结合使用，能更全面地研究分子的振动状态，提供更多分子结构方面的信息[26]。

值得一提的是，PAT只是了解工艺过程的一种工具，不一定非要使用昂贵的分析仪器，有时只需要简单的过程传感器（如湿度、温度、压力、氧化还原电极、离子选择电极、pH探针等传感器）即可。了解并使用分析数据才是PAT的精髓。

二、数据分析和模型形成

应用PAT的重点不是如何采集数据，也不是使用何种仪器，而在于测量哪些数据，如何处理这些数据以及由此得出何种结论，以增加对工艺的理解。如前所述，PAT应该测量的就是那些对终产品CQA起决定性作用的CPP和CMA。通过对CQA、CPP和CMA三者之间关系的描绘，得出具体的函数或模型，深入理解其中的影响关联，达到工艺理解的目的，最终对生产过程进行合理有效的控制。

要充分理解这一问题，先要理解隐藏在工艺背后的科学知识，如生产操作过程、预期的产出、工艺局限性等。化学计量学是从化学实验中得到与化学相关的数据的科学。其在很大程度上依赖于使用数学方法，如数理统计、数据分析和数学运算等，并将化学问题用数学方法来解释。所以，从测量的数据中得到化学相关关系的关键是分析和建模，也就是如何建立CQA、CPP和CMA之间关系的模型，将检测到的具体数据转化成与CQA相关的信息。这个建模过程也是知识空间形成和设计空间建立的过程，而测量数据也是控制策略形成的过程[26]。

可见，PAT不仅仅是一种测试，更是一种基于分析和建模的工艺过程理解的哲学。

三、过程实时监控

通过对各种变量的实时测量，找到最佳的过程控制点。这里所说的"实时"，并不是指每时每刻，而是相对于实验室检测的离线性，在预先规定的较短时间间隔内对某变量的测量。过程实时监控的例子在制药行业已很多见，如用来判断反应终点、控制混合时间等。

第三节 PAT在QbD及药品研发中的作用

PAT是在生产过程中综合应用化学、物理、微生物、数学和风险评估等多学科知识的分析方法，也是帮助QbD顺利实施的有效工具。通过这样一种工具，能对生产过程进行实时监控又不打断工艺的正常运行。在设计空间和控制策略的建立以及工艺持续改进等QbD要素方面，如能综合应用PAT和风险管理工具，可增加对工艺的理解，尤其能帮助理解产品CQA、CPP和CMA之间的关系并最终提高产品质量和产品的有效性安全性。

QbD理念就是从产品的工艺设计阶段就进行严格控制，在生产阶段建立一种能在一定范围内调节变异以保证产品质量稳定的控制策略，并在商业化生产开始后对工艺进行持续改进。PAT的实施是基于对物料理化性质和生产设备机械性能的理解。为了设计出质量稳定的产品，就必须研究终产品的理化特性和生物学性质。尽管现有的科技水平对某些化学分析方法来说已经很成熟，如物质鉴别和含量测定等，但对于某些固体制剂的物理特性如粒径和粒子形状等还不能准确测量。一旦确定了某种药物质量方面的性质，就需要对影响质量的各方面变化因素进行分析和控制。从问题的本质角度看，PAT的实施涉及基于对产品CQA技术上的理解和对生产过程中关键变量的理解而设计的生产工艺。将CMA和CPP等的测量与控制综合在一起，就构成了面向生产系统的PAT，进而能在生产过程中将PAT具体应用于中间过程监控、混合均一性检测和粒度测定等。

使用PAT工具能确保生产工艺保持在一个事先设定好的设计空间内。PAT可对CPP、CMA连续进行监测以决定生产过程是继续还是终止。生产过程中PAT的实时监控比离线状态下检测成品能更容易发现不合格产品。在更为稳健可靠的生产工艺中，PAT能主动控制CMA、CPP，并能在检测到环境或各变量变化对产品质量有不利影响时，对各变量进行调整。

ISPE从2007年开始，组织全球制药行业开展产品质量生命周期实施（PQLI）行动，为QbD实施提供解决方案。在该实施行动中，将控制策略分为3个等级水平，根据患者需求和商业需求的不同，每一个水平的控制策略又有不同的内容。一级控制水平：从患者需求来看，要控制与产品有效性和安全性相关的CQA；从商业需求来看，要控制成本、效率、生产安全、环境保护和工艺可操作性等。二级控制水平是通过监控物料、CPP、其他工艺参数、生产设备性能和生产条件等，以保证一级控制水平中的需求能得到满足。三级控制水平是要应用先进的分析检测技术，PAT，仪器设备的工程化控制，预警、预防和维护机制等。可见，PAT属于第三级控制策略，其目的就是要增加生产过程理解并控制生产过程。在基于QbD的药品研发中，以PAT为基础的各种灵活的控制策略可最大程度确保生产过程所需的CMA和CPP及产品所需的CQA，并促进工艺的持续改进。

美国FDA推荐的QbD在药品仿制中的应用实例——速释片和缓释片[5, 11]，将PAT用于口服固体制剂的工艺设计，为PAT在基于QbD的药品研发中的具体应用提供范例，读者可仔细研读这两个实例。近红外化学成像是一种既定性又定量的化学计量学方法，不仅能提供物质的光谱信息，还能提供化学实体的空间分布。这种非破坏性方法，在药品研发过程中已实际应用于确定脂质体纳米粒的组成[27]。其他关于PAT在QbD和药品研发中的作用及应用实例还可参考文献[28]和本书其他章节，本章不再赘述。

第四节 小结

PAT在基于QbD的药品研发中的应用，使产品制备过程中所有关键变量的根源得到确认和理解，产品质量属性能通过由所用物料、工艺参数、环境和其他条件建立起来的结构化体系得到准确和可靠的预测，从而能确保产品的最终质量，其优势在于实时分析、监测和控制，因而能控制质量变异和实时放行检验等，具有良好的应用价值和广阔的前景。

目前，已经有许多有用的工具可应用于PAT。但需牢记的一点是：更为复杂和昂贵的仪器设备并不一定有更好的效果。基于QbD的PAT，其目的并不是为了开发新型的仪器设备，而是为了利用所获得的信息监控工艺过程，并生产出符合要求的产品。

目前，PAT仍存在一些问题。例如，PAT本质上是一种二次分析技术，应用前仍需要以传统分析方法为基础建立科学的校正模型，且需要对校正模型进行严格的验证或确认，方可投入实际应用。再如，在PAT工具运行过程中，需要根据样品变异情况对校正模型进行维护或重新验证，以确保检测结果的可靠性。此外，PAT的应用要求对工艺有较好的理解，操作人员也要对PAT工具较为熟悉。

所以，在我国药品研发领域推行PAT，仍需要经历一个较长的过程。但有理由相信，PAT是对工艺的理解与优化，无疑是未来的发展方向和奋斗目标。随着其应用优势的不断展现，PAT一定能在我国药品研发领域极大地推动QbD的具体实施。

第六章 基于QbD的药品研发与风险评估

第一节 概述

通常，风险（risk，R）被理解为危害（hazard，有时也称为危险）发生的概率（probability，P）和危害所造成的后果的严重度（severity，S）二者的结合。有时，检测到危害的能力（可检测性，detectability，D）也是风险评估中的一个因素。不言而喻，在药品研发过程中存在各种各样的风险。

所谓风险管理（risk management），是指在风险评估、控制、沟通和审核等方面的质量管理方针、规程和实践的具体应用。它能用最经济的方法来综合处理风险，以实现最佳的科学管理。其基本内容或基本程序包括风险识别（risk identification）、风险分析（risk analysis）、风险评价（risk evaluation）、风险控制（risk control）、风险审核（risk review）、风险沟通（risk communication）以及风险管理决策的执行等。所谓风险识别，指的是系统使用信息以确认那些与风险问题或风险描述有关的危害的潜在来源。这些信息包括历史数据、理论分析、大量意见与建议以及利益相关者的考虑等。风险识别就是对尚未发生的、潜在的各种风险进行系统的归类和实施全面的鉴别。可采用多种风险识别工具和方法来识别各种潜在的风险。所谓风险分析，指的是对那些与已确认的危害来源有关的风险进行估量。它是一个与危害发生的可能性（概率）、严重度以及检测到危害的能力（可检测性）相关的定性或定量的过程。所谓风险评价，是指使用定量或定性的方法将已识别并分析过的风险与特定的风险标准相比较，以确定风险的重要程度。可借助概率论和数理统计方法等工具,来进行科学的风险评价。本书将风险识别、风险分析和风险评价合称为风险评估(risk assessment)。这里,评估(assessment)在概念上包含评价(evaluation)。风险评价是使用定量或定性的方法对风险进行具体的比较;而风险评估则是一个较大的系统过程,是对特定风险发生的可能性、范围和程度等进行系统的估计和衡量。所谓风险控制,指的是执行风险管理决策的行动,包括风险降低(risk reduction)和风险接受(risk acceptance),其目的在于将风险降低至一个可接受的水平。所谓风险降低,主要是指风险超过特定可接受水平时,减轻和避免风险的过程。风险降低也可能包括为减轻危害的严重度、发生的可能性以及为改善风险和危害的可检测能力所采取的措施。所谓风险接受,指的是接受风险的决定。所谓风险审核,指的是根据风险相关的新的(适用时)知识和经验,对风险管理过程的结果进行审核或监控。所谓风险沟通,指的是在决策者和其他人员之间分享有关风险和风险管理的信息。总之,风险管理是研究风险发生规律及风险控制技术的一门管理学科。

药品质量风险管理(pharmaceutical quality risk management),指的是:在整个产品生命周期中,采用前瞻或回顾的方式,对药品的质量风险进行评估、控制、沟通和审核的系统化程序(图6.1)。在国际上,ICH Q9是专门阐述药品质量风险管理的指导性文件,其基本理念是基于科学知识的评估并最终与患者的保护相联系(参考本书第一章)。我国GMP(2010年版)已明确引入药品质量风险管理概念,要求制药企业依据科学知识和经验对整个药品生命周期的质量风险进行管理,以确保产品质量;并强调药品质量风险管理所采用的方法、措施、形式和所形成的文件要与存在的风险级别相适应。采用QbD进行工艺验证和分析方法验证过程中,较好地融入了ICH Q9的药品质量风险管理理念。图6.1所呈现的风险评估环节特别适用于工艺或方法设计,所呈现的风险控制和结果输出环节特别适用于工艺或分析方法控制策略的建立,所呈现的风险审核环节特别适用于工艺或分析方法的持续改进。有关药品质量风险管理方面的知识及其应用,读者可进一步阅读有关专业书籍[29]。

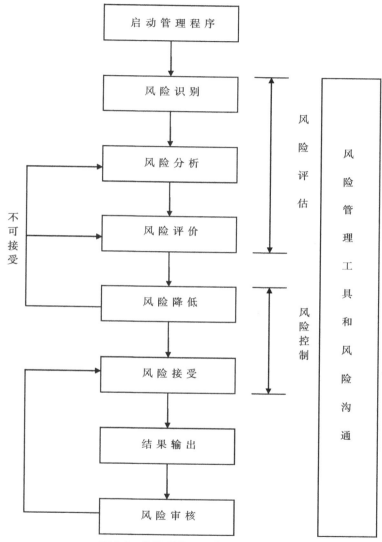

图6.1 药品质量风险管理基本程序

本书主要涉及基于QbD药品研发过程中的风险评估这样一个十分有用的工具。尽管ICH Q9的目的是提供一个药品质量风险管理的系统化方法，而非专门针对药品研发来强调风险评估。但是，该指导原则建议的风险管理工具等非常适合于药品研发的风险评估。

基于 QbD 药品研发过程中进行科学的风险评估，首先就是要进行风险识别，即要阐述一个明确界定的问题或风险疑问，也就是要系统使用信息来寻找和识别所述风险疑问或问题的潜在根源。第二步就是风险分析，即对已确定的危害相关风险的估量。最后一步，就是风险评价，即使用定量或定性方法将估量的风险与给定的风险标准进行比较，来确定风险的重要程度。在基于 QbD 的药品研发中，采用风险评估工具结合实验研究确定关键变量，对降低或消除风险，并进而实施风险评估更新和建立合适的控制策略起着十分重要的作用。

第二节 风险评估工具

一些常用的风险评估工具包括：

（1）风险管理的基本辅助性方法，如工艺流程图（process mapping）、检查表（check sheets）和鱼骨图（fish-bone diagrams）等。

（2）故障树分析（fault tree analysis，FTA）。

（3）风险排序和过滤（risk ranking and filtering）。

（4）预先危害分析（preliminary hazard analysis，PHA）。

（5）危害分析关键控制点（HACCP）。

（6）失效模式影响分析（FMEA）。

（7）失效模式、影响和关键性分析（failure mode，effects and criticality analysis，FMECA）。

（8）危害和可操作性分析（hazard and operability analysis，HAZOP）。

（9）支持性统计工具，如控制图（control charts）、DoE、柱状图（histograms）、工艺能力分析（process capability analysis）以及帕累托图（Pareto charts）等。

HACCP 是一种结构化、系统性、主动性和预防性的风险评估工具。如果对产品和工艺的理解足以支撑关键控制点的识别，此法能发挥最大效用。其包括以下7个基本步骤：

（1）进行危害分析（hazard analysis）。

（2）确定关键控制点（critical control points）。

（3）建立关键限值（critical limit）。

（4）建立关键控制点的监控程序。

（5）建立纠正措施，以便当监控表明某个特定关键控制点失控时采用。

（6）建立确认该体系有效运行的验证程序。

（7）建立文件和记录保存程序。

FMEA是将失效模式与影响结合，来评估可能的失效及其造成的影响。它提供了对潜在失效模式评估的方法以及该失效模式对输出产生的影响。一旦确定了失效模式，就能用降低风险的方法来消除、降低或控制潜在的失效。一项好的FMEA工作要求做到：①确定失效模式；②确定各失效模式的原因和影响；③能将已确定的失效模式依据其风险优先数（RPN）进行排序，以确定风险大小。此法较复杂和详尽，应用中要尽量避免分析评价人员主观因素的影响。

在风险评估工具中，鱼骨图又称为原因-后果分析（cause-consequence analysis，简称为因果分析）或石川图（Ichikawa diagrams），常用于识别潜在危害的原因和后果。鱼骨的头就是要解决的后果，所有鱼骨表示分类的可能原因。其使用方法一般有风暴整理法和逻辑推理法。其结果将产生描述危害顺序图和对潜在危害的定性说明。鱼骨图的最大优点是可作为一种交流工具：能显示危害发生（后果）与它们的基本原因之间的关系。采用此法时，应注意：①确定原因时要集思广益；②原因展开一定要彻底；③各层次之间要保持一定的逻辑关系；④原因和结果之间的关系要尽量量化；⑤以数据为基础客观评价原因的重要性；⑥不断改进。

值得一提的是：多种风险评估工具可以结合使用，以达到取长补短和事半功倍的效果。ICH Q8（R2）附件2呈现了多种风险评估工具结合使用的一个示例。一个功能团队的成员可以在一起，先用鱼骨图和工艺流程图等基本辅助性方法来识别对产品质量属性有影响的潜在变量。然后，该团队可根据这些变量发生的可能性、严重度和可检测性，采用FMEA或类似工具，以先前知识或实验数据为依据，对变量进行风险排序分析。随后，可采用DoE或其他实验方法评价变量的影响，来加深对工艺的理解。最终，初始风险评估得到更新，各类风险得以降低并被接受，合适的控制策略得以有效建立。

第三节 应用实例

一、制剂研发中的应用实例

本书及美国FDA推荐的制剂研发实例均涉及风险评估在基于QbD制剂研发中的应用。在速释片[11]和缓释片[5]仿制时，先对物料属性和工艺参数这些因素，按照相对风险排序系统以高、中或低排序进行初始风险评估，其目的是要找出高风险属性或参数。如果这些高风险属性或参数不给予适当理解和控制，就会影响产品质量。此时的风险评估也有助于确定进行研究的先后顺序。经过一系列实验，确定了哪些属性或参数是关键的，哪些不是关键的，并使风险程度降低或风险数目减少，此时即可进行初始风险评估的更新，并在此基础上建立控制策略。这些实例，本章不再赘述。

众所周知，注射剂是高风险品种。美国PDA于2008年发布第44号技术报告：无菌工艺质量风险管理（PDA TR 44—Quality Risk Management for Aseptic Processes）。该技术报告主要包括两大部分：第一部分，主要阐述质量风险管理的基本过程和方法；第二部分，呈现4个示例：西林瓶轧盖风险评估、内毒素超标风险评估、无菌灌装风险评估、灭菌柜失效风险评估。读者可仔细研读。另外，QbD及其风险评估在注射剂处方工艺研究中的实际应用，读者还可参考文献[30]。

对于生物技术产品和生物制品工艺设计的风险评估，J. Haas等在缩小模型（scale-down model）上，利用现有的平台（platform），采用FMEA区分具有不同风险的工艺参数，并对RPN得分较高的高风险变量通过DoE进行实验研究，最终确定所研发的疫苗制备工艺中pH值和温度为其中两个CPP，并对其建立了工艺设计空间[31]。

下面再举一个粉末直接压片工艺采用FMEA进行风险评估的实例。该实例的基本情况是：速释片，未包衣，规格30mg，片重100mg。制剂处方中磷酸二氢钙用作填充剂（占处方总量50%左右），甘露醇也用作填充剂（占处方总量10%左右），羧甲基淀粉钠用作崩解剂，硬脂酸镁用作润滑剂。该制剂中活性成分属于BCS II类（低溶解性和高渗透性）化合物，遇水易降解，故排除湿法制粒工艺；相对较高的载药量可望达到所需的含量均匀度，故也未采用干法制粒工艺。因此，该产品采用粉末直压工艺，主要经混合、润滑（与润滑剂混合）和压片即制备而成。

在工艺开发与理解阶段，采用FMEA，对生产过程进行风险评估。具体评估流程分为8个步骤，如图6.2所示。评分标准见表6.1，RPN≥40时，确定为高风险，为不可接受的风险，需进一步研究以降低风险；20≤RPN<40时，确定为中风险，为可接受的风险，可能需要进一步研究以降低风险；RPN<20时，确定为低风险，为广泛接受的风险，无需进一步研究。如表6.2所示，初始风险评估确定原料药粒度分布、润滑剂用量、润滑剂混合时间和压片力为直压工艺中高风险因素。采用$L_9(3^4)$正交设计对这4个高风险因素进行实验研究，使风险评估得以更新。结果发现，原料药粒度分布对溶出度的影响仍为高风险，压片力对溶出度影响的可能性仍较大，故继续采取改进措施以降低风险。进而采用NIR法在线监控混合终点，并在压片机上配置压片力反馈控制，从而在实施在线控制策略后，使风险评估得以进一步更新，该直压工艺的全部风险降为低，达到可接受水平。

表6.1 直压工艺FMEA方法风险评估评分标准

评分	严重度 S	概率 P	可检测性 D
1	出现偏差*	≤1/10000	在每个单元操作前即发现

续表

评分	严重度 S	概率 P	可检测性 D
2	检测能合格	1/1000	在单元操作过程中发现
3	少数批次不合格	1/100	在单元操作后发现
4	因产品缺陷需停产	1/10	在终产品检测时发现
5	产品需召回	>1/10	由客户发现

*偏差明显影响质量时，可评为3分或4分。

表6.2 直压工艺FMEA方法风险评估结果

失效模式	主要影响	S	P	D	RPN	风险等级
初始风险评估						
原料药粒度分布	溶出度下降	3	5	4	60	高
混合时间（转数）	混合均一性差	3	3	3	27	中
润滑剂用量	溶出度下降	3	5	4	60	高
润滑剂混合时间（转数）	溶出度下降	3	5	4	60	高
混合机装料水平	混合均一性差	3	2	3	18	低
压片力	溶出度下降	4	5	2	40	高
压片速度	含量均匀度差	3	2	3	18	低
工艺开发和理解后风险评估更新						
原料药粒度分布	溶出度下降	3	5	4	60	高
混合时间（转数）	混合均一性差	3	3	3	27	中
润滑剂用量	溶出度下降	3	3	2	18	低
润滑剂混合时间（转数）	溶出度下降	3	3	2	18	低
混合机装料水平	混合均一性差	3	2	3	18	低
压片力	溶出度下降	4	4	2	32	中
压片速度	含量均匀度差	3	2	3	18	低
实施在线控制策略后风险评估再更新						
原料药粒度分布	溶出度下降	3	3	1	9	低
混合时间（转数）	混合均一性差	3	3	2	18	低
润滑剂用量	溶出度下降	3	3	2	18	低
润滑剂混合时间（转数）	溶出度下降	3	3	2	18	低

续表

失效模式	主要影响	S	P	D	RPN	风险等级
实施在线控制策略后风险评估再更新						
混合机装料水平	混合均一性差	3	2	3	18	低
压片力	溶出度下降	4	2	2	16	低
压片速度	含量均匀度差	3	2	3	18	低

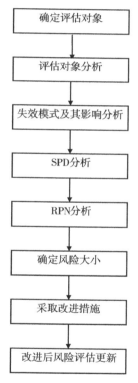

图6.2 FMEA风险评估流程

下面所举实例表明如何用风险排序工具(risk ranking tool)确定单克隆抗体CQA。风险排序工具是一种对风险进行比较和排序的工具,可以对复杂系统的每个风险中多个不同因子进行评价。该工具将一个基本的风险问题分解为所需要的多个组分以获取合适的风险因子。这些因子再被组合成一个独立的风险得分,根据得分进行风险排序。当风险组合及所需管理的风险后果有多处不同,难以用一种简单的工具进行比较时,该工具特别有用。在本实例中,某一单克隆抗体质量属性风险评估"影响"和"不确定性"的评分标准见表6.3和表6.4,以"聚合物"属性为例采用风险排序法进行评分的结果及其合理性说明见表6.5,采用风险排序法确定该产品CQA的部分结果见表6.6。

表6.3 风险排序法"影响"评分标准

得分	有效性	PK/PD	免疫原性	安全性
2	无影响	无影响	未检出抗治疗抗体或与体内影响无关	无不良事件
4	轻度影响	对PK有轻度影响,对PD无影响	抗治疗抗体仅有微小的体内影响	轻微和短暂的不良事件
12	中度影响	对PK有中度影响,但对PD无影响	抗治疗抗体对体内影响可控	不良事件可控
16	明显影响	对PK有中度影响,对PD也有影响	抗治疗抗体对有效性产生影响	出现可逆的不良事件
20	很明显影响	明显影响PK	抗治疗抗体对安全性产生影响	出现不可逆不良事件

表6.4 风险排序法"不确定性"评分标准

得分	说明
1	造成的影响已被证实
2	造成的影响已体现在临床试验中
3	造成的影响只有非临床或体外数据,或仅有同类分子的非临床、体外或临床数据
5	造成的影响仅有文献报道
7	造成的影响无信息提供

表6.5 "聚合物"属性风险评估风险排序法评分结果

考察项目	影响	不确定性	风险得分(影响×不确定性)	合理性说明
有效性	2	3	6	单抗已被提纯。体外研究表明,聚合物对有效性无明显影响
PK/PD	12	5	60	文献报道,聚合物对PK有中度影响

续表

考察项目	影响	不确定性	风险得分（影响×不确定性）	合理性说明
免疫原性	4	2	8	聚合物在临床批样品中能产生有限的抗治疗抗体
安全性	4	2	8	临床试验中出现的少量不良事件，不直接与聚合物相关
总分	—	—	60	总分以单项最高得分计

表6.6 采用风险排序法确定单克隆抗体CQA的部分结果

产品质量属性	影响	不确定性	风险得分（影响×不确定性）	风险等级*	是否为CQA
聚合物	12	5	60	H	是
C-末端赖氨酸	2	2	4	VL	否
脱去酰胺基的异构体	2	2	4	VL	否
半乳糖含量	16	3	48	H	是
去岩藻糖化	20	3	60	H	是
唾液酸含量	12	5	60	H	是
甘露糖含量	16	5	80	VH	是
去糖基化重链	16	5	80	VH	是
氧化物	4	3	12	L	否
DNA	2	3	6	VL	否
甲氨蝶呤	16	1	16	L	否
宿主细胞蛋白	12	3	36	M	是
蛋白质A	16	1	16	L	否

*风险得分≥80分为极高（VH）；40~79分为高（H）；20~39分为中（M）；10~19分为低（L）；<10分为极低（VL）。

二、原料药研发中的应用实例

在 ICH Q11 第 10 章 "实例说明"的第 10.2 节 "使用质量风险管理支持工艺参数的生命周期管理"中，采用柱状图形式按从大到小顺序对在制备单克隆抗体过程中用阴离子交换树脂进行精制操作的各工艺参数进行风险排序。在此基础上，对每个可能影响产品 CQA 的高风险参数（即参数A~F）进行工艺开发和理解方面的活动，并建立工艺控制策略。此种从风险评估角度对工艺参数用柱状图方法进行分级便于风险沟通。

下面举一个原料药研发中采用 HACCP 进行风险评估的实例。图 6.3 参考有关文献[21]描述了某原料药酸化结晶的过程。

采用 HACCP 方法对该工序进行风险评估时，主要经历以下几个步骤：

（1）进行危害分析。找出该工序可能发生的危害。例如，盐酸的浓度不符合要求；料液 pH 不符合要求；养晶时间不符合要求；温度超出控制范围等。

（2）确定关键控制点。找出该工序的各个控制点，并确定各控制点的关键性。

（3）建立关键限值。如调酸时 pH 要控制在 2.0~3.0 等。

（4）建立监控程序。例如，建立警戒线（如养晶温度控制在 8~12℃）。增加中控检测（如滴酸完毕，搅拌 10min 后，再取样复核）。采取双人复核关键控制点的操作。

（5）确定纠正措施。例如，pH 大于 3.0，可重新滴酸，直至符合标准。

（6）建立验证程序。如制定 SOP 等。

（7）建立文件和记录保存程序。文件和记录中要包括关键控制点的监控程序和纠正措施等，并妥善保存文件和记录。

采用 HACCP 法进行酸化结晶工序风险评估的部分结果如表 6.7 所示。

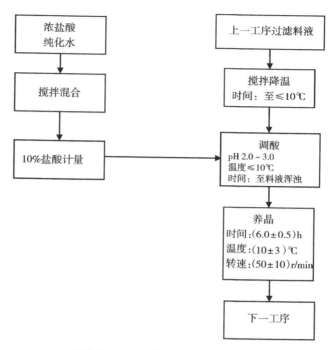

图6.3 某原料药酸化结晶工艺流程

表6.7 某原料药酸化结晶工序HACCP风险评估（部分结果）

危害分析	控制点	关键性	关键限值	监控程序	纠正措施	验证程序	文件和记录
温度高于10℃就开始调酸	搅拌下降温至料液温度≤10℃	关键	10min后确认料液温度≤10℃	过程中检测	停止加酸	制定SOP	批记录
pH大于3.0	滴酸直至料液pH为2.0~3.0	关键	调pH至2.0~3.0	滴酸完毕后搅拌10min再取样复核	重新滴酸	制定SOP	记录

三、分析方法验证中的应用实例

影响分析方法验证的主要因素可以用5个"M"来表示，即人员（man）、仪器（machine）、材料（material）、方法（method）和环境（milieu），简称：人、机、料、法、环。采用鱼骨图进行分析，如图6.4所示。实际应用中，还可以再加上1个"M"，即管理（management），成为6个"M"。

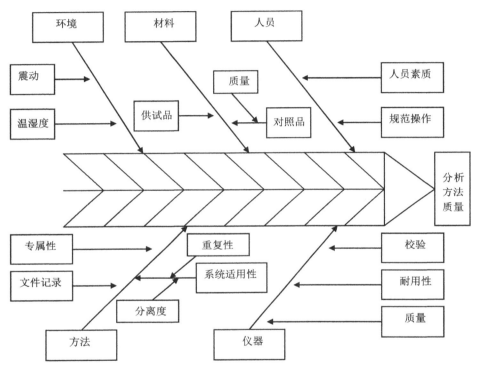

图6.4 分析方法验证的影响因素鱼骨图分析

在分析方法验证中，可采用如下风险评估系统评估方法变更的影响可能性：0分：影响可能性无；1分：影响可能性非常小；3分：影响可能性轻微；5分：可能影响；7分：很可能影响；9分：影响可能性大。这一评估系统用于明确作为方法性能确证的一部分而采取的合适行动，以确保变更后的方法所产生的结果仍符合ATP所定义的目标标准。下面的两个实例对方法的每个性能特性进行考察，并对方法变更影响该特性进行风险排序，以此来评估影响的可能性[9]：

实例1：HPLC色谱柱生产商变更的影响
具体见表6.8。

表6.8　HPLC色谱柱生产商变更的影响

方法类型	方法性能特性					
	精密度	灵敏度	专属性	线性	准确度	重要性
含量测定	3	不适用	3	3	1	10
杂质定性和定量	1	1	7	1	5	15

实例2：HPLC法下次进样前色谱柱平衡时间延长的影响
具体见表6.9。

表6.9　HPLC色谱柱平衡时间延长的影响

方法类型	方法性能特性					
	精密度	灵敏度	专属性	线性	准确度	重要性
含量测定	0	不适用	0	0	0	0
杂质定性和定量	0	0	0	0	3	3

任何单个得分为5或以上的情况，对于准确度，需进行等效性研究；对于其他特性，需进行合适的方法性能确证。如果通过采取控制措施（如系统适用性测试）已降低某种方法性能特性的风险，则应相应降低该特性的风险等级。应注意，某些方法无需确证所有特性，如含量测定中可能不需要确证灵敏度，此种情况下，该类别中填入"不适用"。基于得分，确定哪些特性需确证，以符合ATP。

实例1中，方法变更的唯一方面是色谱柱供应商发生了变化，最可能影响方法报告值的是杂质的专属性，反过来这又潜在影响杂质定量的准确度。因此，对于实例1，有必要评估色谱柱供应商变更前后对杂质定量检测的等效性。因为专属性评分大于5,在变更后方法性能确证中,还应确定变更色谱柱供应商后对专属性无明显影响。方法的灵敏度、精密度和线性不大可能受色谱柱供应商变更的影响。

实例2中,色谱柱平衡时间延长可能影响杂质检查的准确度(回收率),但影响可能性轻微,无需进行等效性研究。

此外,有文献[32]将分析方法验证的QbD用于抗病毒药叠氮胸苷含量测定的方法验证。作者对RP-HPLC方法的耐用性和稳健性,采用结构化风险评估工具来识别、分析和评价由方法参数改变或在各种实验条件(如不同实验室、不同分析人员、不同仪器、不同试剂、不同时间等)下潜在的方法风险。然后,通过实验研究(如DoE),建立合适的方法控制策略和系统适用性标准。随着对不同条件下方法变量整体理解的不断加深,方法风险得以控制,从而确保达到理想的方法性能特性。分析方法验证中应用FMEA工具的实例,读者还可参考表6.10~表6.12以及文献[33]。

表6.10 某一片剂溶出度检查(HPLC法)FMEA风险评估SPD评分标准

评分	严重度 S	概率 P	可检测性 D
1	未发生失效,对质量无影响	3/1000	总能被发现
2	失效可发生,但对质量影响甚微	3/500	常被发现
3	失效对质量有轻度影响	3/100	可能被发现
4	失效能导致产品不合格	3/50	可能不被发现
5	失效能导致产品不合格,并对质量产生直接影响	3/10	常不被发现

表6.11 某一片剂溶出度检查(HPLC法)FMEA风险评估风险等级判定标准

风险等级	RPN	是否需进一步研究
高	≥30	不可接受,需进一步研究以降低风险
中	15~29	可接受,可能需进一步研究以降低风险
低	<15	广泛接受,无需进一步研究

表6.12 某一片剂溶出度检查(HPLC法)FMEA初始风险评估结果（部分）

方法性能特性(影响)	材料属性和方法参数(失效模式)																	
	溶出介质pH		转速		流动相比例		柱温		流速		色谱柱批号		检测波长	
	SPD	RPN	*SPD*	RPN	*SPD*	RPN	*SPD*	RPN	*SPD*	RPN	*SPD*	RPN	*SPD*	RPN
专属性	224	16	222	8	323	18	111	1	111	1	211	2	311	3
准确度	325	30	111	1	313	9	111	1	111	1	211	2	322	12
精密度	153	15	211	2	211	2	111	1	111	1	211	2	211	2
线性与范围	111	1	不适用		111	1	111	1	111	1	111	1	211	2
耐用性	111	1	243	24	523	30	222	8	222	8	323	18	223	12
溶液稳定性	444	64	111	1	不适用		不适用		不适用		不适用		不适用	

第四节　小结

在药品研发过程中，风险评估是一个十分有用的工具。药品研发的传统方法和QbD方法均依赖于风险评估，但在程度上有所不同。由于已观察到的风险往往是较高的风险，所以，传统方法往往把精力集中于已观察到的风险上。通常情况下，研究已观察到的风险并加以解决的确应当优先于考虑和研究潜在的风险。从这个意义上来说，传统方法也是一个基于风险评估的方法。然而，传统方法不是一个系统全面的基于风险评估的方法，因为它基本上未考虑到那些尚未被观察到的潜在风险。

从本章列出的多个实例可以看出，一个基于QbD的系统全面的风险评估对在药品研发过程中分清主次、突出重点和合理安排资源等均十分有益。应尽可能多地了解风险发生的原因，并采取有针对性的改进措施，以将各种风险降低至可接受程度。

请注意：本书多处已将药品研发中基于QbD的风险评估在概念上外延至风险控制环节。必须强调，风险评估的目的是为了有效控制风险，绝不能只停留在形式上，为了评估而评估，做表面文章，更不能将风险评估变成美丽的谎言。

主要参考文献

[1] 周海钧,等译.药品注册的国际技术要求(质量部分).北京:人民卫生出版社,2011.

[2] 翟铁伟,等译.ICH原料药质量控制系列文件APIC"Q7如何实施".北京:中国医药科技出版社,2010.

[3] International Conference on Harmonization(ICH). Q11. Development and Manufacture of Drug Substances (Chemical Entities and Biotechnological / Biological Entities). May, 2012. http://www.ich.org/fileadmin/public_web

[4] ICH Quality Implementation Working Group. Points to consider (R2). ICH—Endorsed Guide for ICH Q8/Q9/Q10 Implementation. 6 December,2011.

[5] U.S.Food and Drug Administration. Quality by design for ANDAs. An example for modified release dosage forms. http://www.fda.gov/downloads/Drugs/Development Approval Process/how drugs are developed and approved/approval applications/abbreviated new drug application ANDA generics/UCM 286595.pdf

[6] 傅钰生,张健,王振羽,等译.实验设计与分析(第6版).北京:人民邮电出版社,2009.

[7] 闵亚能.实验设计(DoE)应用指南.北京:机械工业出版社,2011.

[8] 陈春,林志强,杨劲.模型设计在制剂研发及生产过程质量控制中的应用.药学进展,2011,35(7):289-296.

[9] Nethercote P, Ermer J. Quality by design for analytical methods: Implications for method validation and transfer. Pharmaceutical Technology, 2012, 36(10):74-79.

[10] 吕东,黄文龙.FDA有关"质量源于设计"的初步实施情况介绍.中国药事,2008,22(12):1131-1133.

[11] U.S.Food and Drug Administration. Quality by design for ANDAs. An example for immediate — release dosage forms. http://www.fda.gov/downloads/Drugs/Development Approval Process/how drugs are developed and ap-

proved/approval applications/abbreviated new drug application ANDA generics/UCM 304305.pdf

[12] 黄晓龙.CTD格式申报品种审评中发现的主要问题.国家药品审评中心网站(电子刊物),2012-12-12.

[13] 张哲峰,成海平,宁黎丽,等.CTD申报资料中杂质研究的几个问题.国家药品审评中心网站(电子刊物),2012-12-26.

[14] Yu L X. Pharmaceutical quality by design: Product and process development, understanding and control. Pharmaceutical Research, 2008, 25: 781-791.

[15] 顾飞军.药品研发阶段的工艺验证.中国医药工业杂志,2012,43(6):509-513.

[16] 郑梁元,金方,等译.固体口服制剂的研发——药学理论与实践.北京:化学工业出版社,2013.

[17] Jantratid E, Janssen N, Reppas C, et al. Dissolution media simulating conditions in the proximal human gastrointestinal tract: An update. Pharmaceutical Research, 2008, 25: 1663-1676.

[18] Davit B M, et al. Comparing generic and innovator drugs: A review of 12 years of bioequivalence data from the United States Food and Drug Administration. The Annals of Pharmacotherapy, 2009, 43: 1583-1597.

[19] Kushner I J, Moore F. Scale-up model describing the impact of lubrication on tablet tensile strength. International Journal of Pharmaceutics, 2010, 399: 19-30.

[20] U.S. Food and Drug Administration. Guidance for Industry. Process validation: General principles and practices. January, 2011.

[21] 何国强.制药工艺验证实施手册.北京:化学工业出版社,2011.

[22] 李涛,胡昌勤,毕开顺.洛伐他汀有关物质HPLC分析方法的优化.药物分析杂志,2011,31(9):1707-1714.

[23] Gavin P F, Olsen B A. A quality by design approach to impurity method development for atomixetine hydrochloride(LY139603). Journal of Pharmaceutical and Biomedical Analysis,2008,46(3):431-441.

[24] U.S.Food and Drug Administration CDER. Guidance for Industry. PAT — a framework for innovative pharmaceutical development, manufacturing and quality assurance. Sept, 2004.

[25] Yu L X, Lionberger R A, et al. Application of process analytical technology to crystallization process. Advanced Drug Delivery Reviews, 2004, 56:349-369.

[26] 仲小燕,梁毅. 浅析PAT在实施QbD中的作用. 机电信息,2011,32:15-18.

[27] Rahman Z, Zidan A, Khan M. Non-destructive methods of characterization of risperidone solid lipid nanoparticles. European Journal of Pharmaceutics and Biopharmaceutics, 2010, 76:127-137.

[28] Hock S C, Constance N X R, Wah C L. Toward higher QA: From parametric release of sterile parenteral products to PAT for other pharmaceutical dosage forms. Journal of Pharmaceutical Science and Technology, 2012, 66(4):371-391.

[29] 李钧,李志宁. 药品质量风险管理. 北京:中国医药科技出版社,2011.

[30] 蒋煜,杨建红,王亚敏."质量源于设计"在仿制注射剂处方工艺研究中的应用. 中国新药杂志,2014,23(8):921-924.

[31] Haas J, Franklin A, Houser M, et al. Implementation of QbD for the development of a vaccine candidate. Vaccine, 2014, 32:2927-2930.

[32] Bhatt D A, Rane S I. QbD approach to analytical RP-HPLC method development and its validation. International Journal of Pharmacy and Pharmaceutical Sciences, 2011, 3(1):179-187.

[33] Oldenhof M T, van Leeuwen J F, Nauta M J, et al. Consistency of FMEA used in the validation of analytical procedures. Journal of Pharmaceutical and Biomedical Analysis, 2011, 54(3):592-596.

附录1

附录1.1 美国FDA发布的速释片实例英文原文（摘要部分）[11]

Quality by Design for ANDAs: An Example for Immediate-Release Dosage Forms

1.1 Executive Summary

The following pharmaceutical development report summarizes the development of Generic Acetriptan Tablets, 20mg, a generic version of the reference listed drug (RLD), Brand Acetriptan Tablets, 20mg. The RLD is an immediate release (IR) tablet indicated for the relief of moderate to severe physiological symptoms. We used Quality by Design (QbD) to develop generic acetriptan IR tablets that are therapeutically equivalent to the RLD.

Initially, the quality target product profile (QTPP) was defined based on the properties of the drug substance, characterization of the RLD product, and consideration of the RLD label and intended patient population. Identification of critical quality attributes (CQAs) was based on the severity of harm to a patient (safety and efficacy) resulting from failure to meet that quality attribute of the drug product. Our investigation during pharmaceutical development focused on those CQAs that could be impacted by a realistic change to the drug product formulation or manufacturing process. For generic acetriptan tablets, these CQAs included assay, content uniformity, dissolution and degradation products.

Acetriptan is a poorly soluble, highly permeable BCS Class II compound. As such, initial efforts focused on developing a dissolution method that would be able to predict *in vivo* performance. The developed in-house dissolution method uses 900mL of 0.1 N HCl with 1.0% w/v sodium lauryl sulfate (SLS) in USP apparatus 2 stirred at 75r/min. This method is capable of differentiating between formulations manufactured using different acetriptan particle size distributions (PSD) and predicting their *in vivo* performance in the pilot bioequivalence study.

Risk assessment was used throughout development to identify potentially high risk formulation and process variables and to determine which studies were necessary to achieve product and process understanding in order to develop a control strategy. Each risk assessment was then updated after development to capture the reduced level of risk based on our improved product and process understanding.

For formulation development, an in silico simulation was conducted to evaluate the potential effect of acetriptan PSD on *in vivo* performance and a d 90 of 30 μm or less was selected. Roller compaction (RC) was selected as the granulation method due to the potential for thermal degradation of acetriptan during the drying step of a wet granulation process. The same types of excipients as the RLD product were chosen. Excipient grade selection was based on experience with previously approved ANDA 123456 and ANDA 456123 which both used roller compaction. Initial excipient binary mixture compatibility studies identified a potential interaction between acetriptan and magnesium stearate. However, at levels representative of the final formulation, the interaction was found to be negligible. Furthermore, the potential interaction between acetriptan and magnesium stearate is limited by only including extragranular magnesium stearate.

Two formulation development design of experiments (DoE) were conducted. The first DoE investigated the impact of acetriptan PSD and levels of intragranular lactose, microcrystalline cellulose and croscarmellose sodium on drug product CQAs. The second DoE studied the levels of extragranular talc and magnesium stearate on drug product CQAs. The formulation composition was finalized based on the knowledge gained from these two DoE studies.

An in-line near infrared (NIR) spectrophotometric method was validated and implemented to monitor blend uniformity and to reduce the risk associated with the pre-roller compaction blending and lubrication step. Roller pressure, roller gap and mill screen orifice were identified as critical process parameters (CPPs) for the roller compaction and integrated milling process step and acceptable ranges were identified through the DoE. Within the ranges studied during development of the final blending and lubrication step, magnesium stearate specific surface area ($5.8\sim10.4m^2/g$) and number of revolutions ($60\sim100$) did not impact the final product CQAs. During tablet compression, an acceptable range for compression force was identified and force adjustments should be made to accommodate the ribbon relative density ($0.68\sim0.81$) variations between batches in order to achieve optimal hardness and dissolution.

Scale-up principles and plans were discussed for scaling up from lab(5.0kg) to pilot scale (50.0kg) and then proposed for commercial scale (150.0kg). A 50.0kg cGMP exhibit batch was manufactured at pilot scale and demonstrated bioequivalence in the pivotal BE study. The operating ranges for identified CPPs at commercial scale were proposed and will be qualified and continually verified during routine commercial manufacture.

Finally, we proposed a control strategy that includes the material attributes and process parameters identified as potentially high risk variables during the initial risk assessments. Our control strategy also includes in-process controls and finished product specifications. The process will be monitored during the lifecycle of the product and additional knowledge gained will be utilized to make adjustments to the control strategy as appropriate.

附录1.2 美国FDA发布的缓释片实例英文原文（摘要部分）[5]

Quality by Design for ANDAs: An Example for Modified-Release Dosage Forms

1.1 Executive Summary

The following pharmaceutical development report summarizes the development of Example Modified Release (MR) Tablets, 10mg, a generic version of the reference listed drug (RLD), Brand MR Tablets, 10mg, indicated for therapeutic relief. We used a Quality by Design (QbD) approach to develop a tablet formulation and manufacturing process that ensures the quality, safety and efficacy of Example MR Tablets.

Initially, the quality target product profile (QTPP) was defined based on the properties of the drug substance, characterization of the RLD product, and consideration of the RLD label and intended patient population. Example MR Tablets were designed to achieve all of the attributes in the QTPP. However, our investigation during pharmaceutical development focused on those critical quality attributes (CQAs) that could be impacted by a realistic change to the drug product formulation or manufacturing process. For Example MR Tablets, these attributes included physical attributes (size and splitability), assay, content uniformity and drug release.

Example MR Tablets contain drug substance Z, a chemically stable BCS Class I compound. To match the RLD, Example MR Tablets were designed to have immediate release (IR) granules and extended release (ER) coated beads with extragranular cushioning agents and other excipients all compressed into scored tablets. ANDA aaaaaa documents the approved formulation and manufacturing process for the IR granules. Kollicoat SR 30 D was selected as the release rate controlling polymer and the formulation was optimized using design of experiments (DoE). Two grades of microcrystalline cellulose (MCC) were used in an optimized ratio to prevent segregation of the IR granules and ER coated beads. The appropriate levels of disintegrant (sodium starch glycolate) and lubricant (magnesium stearate) were also identified to produce a robust formulation.

A predictive dissolution method was a key element of our development program. We developed the method (USP apparatus 3 at 10dpm in 250mL of pH 6.8 phosphate buffer) by performing an extensive evaluation of dissolution conditions using our initial prototype formulation (F-1) that failed in our first pilot bioequivalence (BE) study. A subsequent BE study confirmed the theoretical polymer coating level needed to match the RLD performance. We utilized pharmacokinetic data collected from the BE studies to establish an *in vitro-in vivo* relationship (IVIVR). The predictive dissolution method will be used for quality control of the final drug product.

Risk assessment was used throughout development to identify potentially high risk formulation and process variables and to determine which studies were necessary to increase our knowledge. Each risk assessment was then updated to capture the reduced level of risk based on our improved product and process understanding.

As the IR granulation process has been previously established, this development report focuses on four key steps for ER bead and final tablet process development: 1) drug layering, 2) ER polymer coating, 3) blending and lubrication, and 4) compression. We selected a bottom spray fluid bed process for both drug layering and polymer coating of the ER beads. We utilized diffusive mixing for the final blend before compressing the blend into scored tablets.

For each unit operation, we conducted a risk assessment and then utilized DoE to investigate the identified high risk variables to determine the critical material attributes (CMAs) and critical process parameters (CPPs). An in-line NIR method was validated and implemented to monitor blend uniformity and to reduce the risk associated with the blending step. Our process optimization facilitated the creation of a design space at the pilot scale. A pivotal BE study conducted with the exhibit batch manufactured at pilot scale demonstrated equivalence between our product and the RLD.

Our first verification batch at commercial scale failed dissolution testing. Subsequent investigation showed that film coat thickness increased on the beads manufactured at commercial scale versus beads manufactured at pilot scale due to a difference in process efficiency. A second verification batch was manufactured by decreasing the theoretical polymer coating level from 30% to 28% to account for improved process efficiency at commercial scale. The formulation change resulted in drug product that met our predesigned CQA targets.

We propose a control strategy that includes the input material attributes and process parameters identified as potentially high risk variables during the initial risk assessments. Our control strategy also includes in-process controls and finished product specifications. The process will be monitored during the lifecycle of the product and additional knowledge gained will be utilized to make adjustments to the control strategy as appropriate.

附录1.3 美国FDA发布的QbD系列课程目录

001: "Common" QbD Deficiencies

002: QbD Applications: Dissolution Testing for Generic Drugs

003: Control Strategy in Generic Drug Development

004: QbD Applications: Impurities

005: Product Understanding in the IR and MR Examples

006: Scale-up Considerations: Linking Exhibit Batches to Commercial Production

007: Use of DoE in QbD

008: Use of Prior Knowledge in QbD

009: Define Quality by Design for Generic Drugs

010: QbD Applications: Stability

011: Risk Assessment in the IR and MR Examples

012: Process Understanding in the IR and MR Examples

013: DoE and QbD Principles in Assay Development: A Case Study

014: Regulatory Expectations in Validation of Analytical Methods for Biological Products

(来自: http://www.fda.gov)

(注意不断更新)

附录1.4 ICH Q8——药品研发（节选）[1]

【中文部分】

2. 药品研发

药品研发的目的在于研发出高质量的产品和能持续生产出符合预期质量产品的生产工艺。从药品研发和生产实践中获得的信息和知识，可为建立设计空间、质量标准和生产控制提供科学依据。

药品研发中获得的信息是质量风险管理的基础。产品的质量不是检验所赋予的，而是源于设计。认识到这一点非常重要。在产品研发和生命周期管理中，处方和工艺的变化应被看作是获取新知识的机会，从而进一步支持设计空间的建立。与此相同，从失败的实验中获得的相关知识也是有用的。设计空间由申请人提出，并送交药监部门审评和批准。设计空间之内的操作不被看作为变更。一旦超出设计空间，则被视为变更，通常需向药监部门提交上市后的变更申请。

药品研发章节应阐述所选剂型以及所建议处方与其预期用途的适应性；其中的每一部分应都能提供足够的信息，详述药品研发及其生产工艺方面的理解。建议使用总结性的图表，以便申请能得到清晰快速的审评。

至少应确定原料药、辅料、包装密闭系统和生产过程中对产品质量起关键影响的方面，并说明控制策略。对于关键处方属性和工艺参数，通常可以通过评估其波动对产品质量影响的程度来确定。

此外，申请人可以选择更多的物料属性、不同的工艺路线和工艺参数进行全面的药物研发实验，以加强对产品性能知识的理解。在药品研发章节中包含这些信息，可以对物料属性、生产工艺和过程控制有更深入的理解。这些科学理解有助于建立更大的设计空间，从而为灵活监管提供可能性。所谓灵活监管，例如：

基于风险的监管决策(审评和检查)。

在被批准的设计空间内所进行的生产工艺改进无需再进行注册审评。

减少批准后的变更申请。

实时质量控制,以减少成品的放行检验。

为了实现这种灵活性,申请人应阐明在各种物料属性、工艺路线和工艺参数下的产品性能。这些不断增加的知识理解可通过多种途径获得,如 DoE、PAT 和(或)先前知识。如果能适当应用质量风险管理原则,还可以对这些药品研发实验进行排序,以采集这些知识。

药品研发的设计和实施应与其预期的科学目的相一致。应该认识到,以科学为基础的申请及其注册审评取决于所获得知识的程度,而不是数据的多少。

【英文部分】

2. Pharmaceutical Development

The aim of pharmaceutical development is to design a quality product and its manufacturing process to consistently deliver the intended performance of the product. The information and knowledge gained from pharmaceutical development studies and manufacturing experience provide scientific understanding to support the establishment of the design space, specification, and manufacturing controls.

Information from pharmaceutical development studies can be a basis for quality risk management. It is important to recognize that quality cannot be tested into products; i.e., quality should be built in by design. Changes in formulation and manufacturing process during development and lifecycle management should be looked upon as opportunities to gain additional knowledge and further support establishment of the design space. Similarly, inclusion of relevant knowledge gained from experiments giving unexpected results can also be useful. Design space is proposed by the applicant and is subject to regulatory assessment and approval. Working within the design space is not considered to be a change. Movement out of the design space is considered to be a change and would normally initiate a regulatory post approval change process.

The Pharmaceutical Development section should describe the knowledge that establishes that the type of dosage form selected and the formulation proposed are suitable for the intended use. This section should include sufficient information in each part to provide an understanding of the development of the drug product and its manufacturing process. Summary tables and graphs are encouraged where they add clarity and facilitate review.

At a minimum, those aspects of drug substances, excipients, container closure systems, and manufacturing processes that are critical to product quality should be determined and control strategies justified. Critical formulation attributes and process parameters are generally identified through an assessment of the extent to which their variation can have impact on the quality of the drug product.

In addition, the applicant can choose to conduct pharmaceutical development studies that can lead to an enhanced knowledge of product performance over a wider range of material attributes, processing options and process parameters.Inclusion of this additional information in this section provides an opportunity to demonstrate a higher degree of understanding of material attributes, manufacturing processes and their control. This scientific understanding facilitates establishment of an expanded design space. In the situations, opportunities exist to develop more flexible regulatory approaches, for example, to facilitate:

Risk-based regulatory decisions(reviews and inspections);

Manufacturing process improvements, within the approved design space described in the dossier, without further regulatory review;

Reduction of post-approval submissions;

Real-time quality control, leading to a reduction of end-product release testing.

To realize this flexibility, the applicant should demonstrate an enhanced knowledge of product performance over a range of material attributes, manufacturing process options and process parameters. This understanding can be gained by application of, for example, formal experimental designs, process analytical technology (PAT), and/or prior knowledge. Appropriate use of quality risk management principles can be helpful in prioritizing the additional pharmaceutical development studies to collect such knowledge.

The design and conduct of pharmaceutical development studies should be consistent with their intended scientific purpose. It should be recognized that the level of knowledge gained, and not the volume of data, provides the basis for science-based submissions and their regulatory evaluation.

附录1.5　ICH Q11——原料药研发和生产（节选）[3]

【中文部分】

3. 工艺研发

3.1　总则

原料药工艺研发的目的是建立能够持续生产出预期质量原料药的商业化生产工艺。

3.1.1　原料药质量与制剂产品的关联

确定原料药的预期质量时，应考虑原料药在制剂产品中的用途，并充分理解其对制剂产品研发产生影响的物理、化学、生物学与微生物学性质或特性（如原料药溶解性可能影响制剂剂型的选择）。制剂产品QTPP和CQA（见ICH Q8中的定义）及相关制剂产品之前经验有助于识别原料药CQA。对产品CQA的认知和理解可以随研发进程而不断增加。

3.1.2　工艺研发工具

质量风险管理（QRM，见ICH Q9）可以在许多工艺研发活动中使用，包括工艺路线选择、质量属性和工艺参数的评估以及增加日常生产批次的预期质量保证等。可以在工艺研发的早期就开展风险评估，并在具有更多工艺知识以及对工艺有更深理解时重复使用。可以使用正式的或非正式的风险管理工具，如公认的工具或内部规程等。

知识管理（见ICH Q10）也有助于工艺研发。在本指导原则中，潜在的信息来源包括先前知识和研发活动。先前知识包括已建立的生物学、化学和工程学原理,技术文献及已实际应用的生产经验。源于相关先前知识(包括平台制造)的数据均可用来支持商业化工艺研发并加深科学理解。

3.1.3 工艺研发方法

ICH Q8 指出:产品研发策略因不同公司和不同产品而出现差异,研发方法及程度也不同,应当在申报资料中加以描述。这些概念同样适用于原料药工艺研发。对于原料药工艺研发,申请人可以选择传统方法或加强方法(编者按:为保持本书所用术语一致,以下统称QbD方法),或两者结合使用。

工艺研发至少应当包括以下要素:

识别与原料药有关的产品CQA,以便研究和控制那些影响制剂产品质量的属性。

确定合适的生产工艺。

确定控制策略,来确保工艺性能和原料药质量。

采用QbD这样一种评价、理解及优化生产工艺的系统方法进行工艺研发,尚需增加以下要素:

通过先前知识、实验研究及风险评估来识别可能影响原料药CQA的物料(如原材料、起始物料、试剂、溶剂、工艺助剂、中间体)属性及工艺参数。

确定物料属性和工艺参数与原料药CQA相关联的函数关系。

用QbD方法结合质量风险管理建立合适的控制策略。可以包括对设计空间的建议。

通过实施QbD方法增加对工艺知识的理解,可以促进产品生命周期的持续改进和创新(见ICH Q10)。

3.1.4 原料药CQA

CQA是物理、化学、生物学或微生物学性质或特性,在某个合适的限度、范围或分布内才能确保所需的产品质量。应当用原料药CQA来指导工艺研发。当对原料药知识及工艺的理解增加时,可以更新CQA列表。

原料药CQA通常包括那些影响鉴别、纯度、生物学活性和稳定性的性质或特性。当物理性质对制剂产品的生产或性能具有重要影响时,也确定其为CQA。对生物技术产品或生物制品,大部分制剂产品的CQA均与原料药相关,是原料药或其生产工艺设计的直接结果。

杂质潜在影响制剂产品安全,是一类重要的原料药CQA。对化学合成原料药而言,杂质可包括有机杂质(包括潜在致突变杂质)、无机杂质[如金属残留和残留溶剂(见ICH Q3A和Q3C)]。对生物技术产品或生物制品而言,杂质可能与工艺相关或与产品相关(见ICH Q6B)。与工艺相关的杂质包括源于细胞基质的杂质(如宿主细胞蛋白及DNA)、源于细胞培养的杂质(如培养基组分)及源于后续工艺的杂质(如柱滤出物)。确定生物技术产品或生物制品CQA时,也应包括考虑ICH Q6B中规定的污染物,包括所有偶然引入且不用于生产工艺的物质(如外来病毒、细菌或支原体污染)。

识别复杂产品的CQA具有挑战性。例如,生物技术产品或生物制品通常包括大量的质量属性,不可能逐个全面评价它们对产品有效性和安全性的影响。可以用风险评估的方法对质量属性排序或确定优先度。先前知识可用在原料药研发的起始阶段。根据产品生命周期中的研发数据(包括来自非临床和临床的研究数据)对风险评估进行持续更新。有关作用机理和生物学特性的知识(如评价构效关系的研究)可用于某些产品属性的风险评估。

3.1.5 物料属性和工艺参数与原料药CQA的关联

生产工艺的研发程序应当包括识别必须控制的物料(如原材料、起始物料、试剂、溶剂、工艺助剂、中间体)属性及工艺参数。风险评估可以帮助识别那些对原料药CQA有潜在影响的物料属性和工艺参数。应当通过控制策略来控制那些被发现对原料药质量有重要影响的物料属性和工艺参数。

风险评估包括评估工艺能力、属性的可检测性及对相关原料药质量影响的严重度。使用风险评估有助于确定控制策略的要素。控制策略从原料药的上游物料开始建立。例如,当评估原材料或中间体的一个杂质与原料药CQA的关联时,应考虑评估原料药生产工艺去除该杂质或其衍生物的能力。关于杂质相关的风险经常用原材料或中间体的质量标准和(或)下游步骤稳健的纯化能力来控制。风险评估也能识别那些可检测性有内在限制的原料药CQA(如病毒安全性)。在此种情况下,这些CQA应当在工艺上游的适当步骤就开始进行控制。

对于化学合成原料药的研发,主要关注对杂质的理解和控制。重要的是理解其形成、转归(杂质是否参与化学反应及改变化学结构)、清除(是否能通过结晶或萃取等去除杂质)及与作为原料药CQA的最终杂质之间的关系。因为杂质通过多个工艺操作步骤形成,因此,要通过评价工艺过程来建立合适的杂质控制。

采用传统方法,物料标准及工艺参数范围主要基于批工艺历史和单变量实验。而采用QbD方法能更全面地理解物料属性和工艺参数与CQA的关系和相互作用的影响。

工艺研发过程中,可使用风险评估识别那些影响CQA的工艺步骤。进一步的风险评估可重点关注对工艺和质量之间的关系需要有更深理解的研发工作。用QbD方法确定合适的物料标准及工艺参数范围需要遵循以下步骤:

识别工艺变化的潜在来源。

基于先前知识和风险评估,识别对原料药质量有显著影响的物料属性和工艺参数。

设计并开展研究[如机理和(或)动力学评价、多变量DoE、模型与模拟],来识别并确认物料属性和工艺参数与原料药CQA相关联的函数关系。

对数据进行分析和评估,建立合适的变量范围,包括需要时建立设计空间。

可以开发小试规模的模型,并用于支持工艺研发。模型开发时,应考虑规模效应和对预期商业化工艺的代表性。一个科学合理的模型能够预测质量,并支持使用多种规模和设备操作条件的外推研究。

3.1.6 设计空间

设计空间是已被证明能提供质量保证的输入变量(如物料属性)与工艺参数的多维组合及相互作用。设计空间内的操作不被认为是变更。超出设计空间运行则被看作是变更,而这通常要启动药政部门的批准后变更程序。设计空间由申请人提出,由药政部门评估和批准(见ICH Q8)。

ICH Q8中针对制剂产品研发的基于QbD方法设计空间的考虑同样适用于原料药研发。物料属性和工艺参数的变化对原料药CQA的重要性及其影响的准确评估能力及由此获得的设计空间范围,均取决于对工艺和产品理解的程度。

可结合先前知识、第一原则和(或)对工艺的经验理解来开发设计空间。模型(如定性或定量模型)能用来支持跨多种规模和设备条件的设计空间的建立。

可为每一个单元操作(如反应、结晶、蒸馏、纯化)或所选单元操作的组合建立设计空间。设计空间包含的单元操作通常基于其对CQA的影响,且不必是连续的。应评价工艺步骤间的关联性,以便对诸如杂质的累积生成及去除的控制。跨多个单元操作的设计空间能为操作提供更多的灵活性。

由于多种因素,包括工艺变化和原料药的复杂性(如翻译后修饰),开发与批准一些生物技术产品或生物制品原料药的设计空间面临挑战。设计空间被批准后,仍存在这些因素对剩余风险的影响(如基于与规模相关的不确定性对CQA产生潜在的不可预测的改变)。根据剩余风险的程度,申请人最好能提供批准后如何管理设计空间内改变的建议。该建议应指出如何应用工艺知识、控制策略及特定方法来评估设计空间内改变对产品质量的影响。

6. 控制策略

6.1 总则

控制策略是源于对当前产品和工艺的理解并能确保工艺性能和产品质量的一系列有计划的控制(见ICH Q10)。每种原料药的生产工艺,无论是通过传统方法还是通过QbD方法(或两者兼有)研发,均要建立相关的控制策略。

控制策略可以包括但不限于以下内容:

物料属性控制(包括原材料、起始物料、中间体、试剂、原料药的内包材等)。

工艺路线控制(如针对生物技术产品或生物制品的纯化步骤顺序,针对化学合成原料药的试剂加入顺序)。

过程控制(包括中控检测和工艺参数)。

原料药控制(如放行检验)。

6.1.1 研发控制策略的方法

可结合多种方法对控制策略进行研发:对一些CQA、工艺步骤或单元操作,采用传统方法;对其他方面,更多地采用QbD方法。

用传统方法研发的生产工艺和控制策略,在保证生产一致性的观察数据基础上而确定的设定点和可操作范围通常很窄。用传统方法研发更关注对原料药CQA的评估(即对终产品的检验)。传统方法在解决工艺变化(如由原材料引起的工艺变化)上,其可操作范围仅赋予有限的灵活性。

相比传统方法,采用QbD方法研发生产工艺,可以获得对工艺和产品更深入的理解,故可用更加系统的方法识别发生变化的根源。可考虑研发更有意义的有效的工艺参数、物料属性和过程控制。在产品生命周期中,可用不断增加工艺理解的方法来研发控制策略。基于QbD方法而建立的控制策略可为工艺参数提供更加灵活的可操作范围,来解决工艺变化(如由原材料引起的工艺变化)。

6.1.2 研发控制策略的考虑

为确保原料药的质量,控制策略应保证每种原料药的CQA处于适当的范围、限度或分布内。原料药质量标准是整个控制策略的一部分,但不需要将所有的CQA均列入原料药的质量标准中。CQA可以:①列入质量标准,并通过最终原料药的检验进行确认;②列入质量标准,并可通过上游控制进行确认(如可作为实时放行检验);③不列入质量标准,但通过上游控制来提供保证。上游控制的例子可包括:

中控检测。

用工艺参数和(或)工艺过程中物料属性的检测预测原料药CQA。有时可用过程分析技术(PAT)强化过程控制,确保产品质量。

无论采用传统的还是QbD的工艺研发方法,上游控制的基础均是评价和理解CQA变化的来源。还应考虑可能影响原料药质量的下游因素,如温度变化、氧化条件、光照、离子含量和切变等。

研发控制策略时,根据CQA相关的风险及单一控制探测潜在问题的能力,生产企业可考虑在工艺中对某个特殊CQA进行单点或多点控制。例如,对于无菌化学合成原料药、生物技术产品或生物制品,检测低浓度细菌或病毒污染的能力存在固有的局限性。在此种情况下,对原料药的检验不能充分保证质量。故控制策略中需增加控制力度(如可增加对物料属性及工艺过程的控制)。

生产工艺中所用的每种原材料的质量均应符合其预期用途。接近生产工艺末端所用的原材料更可能将杂质引入原料药。因此,生产企业应评价是否对此类物料的质量采取比上游所用相似物料更为严格的控制。

【英文部分】

3. Manufacturing Process Development

3.1 General Principles

The goal of manufacturing process development for the drug substance is to establish a commercial manufacturing process capable of consistently producing drug substance of the intended quality.

3.1.1 Drug Substance Quality Link to Drug Product

The intended quality of the drug substance should be determined through consideration of its use in the drug product as well as from knowledge and understanding of its physical, chemical, biological, and microbiological properties or characteristics, which can influence the development of the drug product (e.g., the solubility of the drug substance can affect the choice of dosage form). The Quality Target Product Profile (QTPP), potential CQAs of the drug product (as defined in ICH Q8) and previous experience from related products can help identify potential CQAs of the drug substance. Knowledge and understanding of the CQAs can evolve during the course of development.

3.1.2 Process Development Tools

Quality Risk Management (QRM, as described in ICH Q9) can be used in a variety of activities including assessing options for the design of the manufacturing process, assessing quality attributes and manufacturing process parameters, and increasing the assurance of routinely producing batches of the intended quality. Risk assessments can be carried out early in the development process and repeated as greater knowledge and understanding become available. Either formal or informal risk management tools, such as recognized tools or internal procedures, can be used.

Knowledge management (as described in ICH Q10) can also facilitate manufacturing process development. In this context, potential sources of information can include prior knowledge and development studies. Prior knowledge can include established biological, chemical and engineering principles, technical literature, and applied manufacturing experience. Data derived from relevant prior knowledge, including platform manufacturing can be leveraged to support development of the commercial process and expedite scientific understanding.

3.1.3　Approaches to Development

ICH Q8 recognizes that" Strategies for product development vary from company to company and from product to product. The approach to, and extent of, development can also vary and should be outlined in the submission". These concepts apply equally to the development of the drug substance manufacturing process. An applicant can choose either a traditional approach or an enhanced approach to drug substance development, or a combination of both.

Manufacturing process development should include, at a minimum, the following elements:

　　Identifying potential CQAs associated with the drug substance so that those characteristics having an impact on drug product quality can be studied and controlled;

　　Defining an appropriate manufacturing process;

　　Defining a control strategy to ensure process performance and drug substance quality.

An enhanced approach to manufacturing process development would additionally include the following elements:

A systematic approach to evaluating, understanding and refining the manufacturing process, including:

　　Identifying, through e.g., prior knowledge, experimentation and risk assessment, the material attributes (e.g., of raw materials, starting materials, reagents, solvents, process aids, intermediates) and process parameters that can have an effect on drug substance CQAs;

Determining the functional relationships that link material attributes and process parameters to drug substance CQAs;

Using the enhanced approach in combination with QRM to establish an appropriate control strategy which can, for example, include a proposal for a design space(s).

The increased knowledge and understanding obtained from taking an enhanced approach could facilitate continual improvement and innovation throughout the product lifecycle (see ICH Q10).

3.1.4 Drug Substance Critical Quality Attributes

A CQA is a physical, chemical, biological, or microbiological property or characteristic that should be within an appropriate limit, range, or distribution to ensure the desired product quality. Potential drug substance CQAs are used to guide process development. The list of potential CQAs can be modified as drug substance knowledge and process understanding increase.

Drug substance CQAs typically include those properties or characteristics that affect identity, purity, biological activity and stability. When physical properties are important with respect to drug product manufacture or performance, these can be designated as CQAs. In the case of biotechnological/biological products, most of the CQAs of the drug product are associated with the drug substance and thus are a direct result of the design of the drug substance or its manufacturing process.

Impurities are an important class of potential drug substance CQAs because of their potential impact on drug product safety. For chemical entities, impurities can include organic impurities (including potentially mutagenic impurities), inorganic impurities e.g., metal residues, and residual solvents (see ICH Q3A and Q3C). For biotechnological/biological products, impurities may be process-related or product-related (see ICH Q6B). Process-related impurities include: cell substrate-derived impurities [e.g., Host Cell Proteins (HCP) and DNA]; cell culture-derived impurities (e.g., media components); and downstream-derived impurities (e.g., column leachables). Determining CQAs for biotechnological/biological products should also include consideration of contaminants, as defined in Q6B, including all adventitiously introduced materials not intended to be part of the manufacturing process (e.g., adventitious viral, bacterial, or mycoplasma contamination).

The identification of CQAs for complex products can be challenging. Biotechnological/biological products, for example, typically possess such a large number of quality attributes that it might not be possible to fully evaluate the impact on safety and efficacy of each one. Risk assessments can be performed to rank or prioritize quality attributes. Prior knowledge can be used at the beginning of development and assessments can be iteratively updated with development data (including data from nonclinical and clinical studies) during the lifecycle. Knowledge regarding mechanism of action and biological characterization, such as studies evaluating structure-function relationships, can contribute to the assessment of risk for some product attributes.

3.1.5 Linking Material Attributes and Process Parameters to Drug Substance CQAs

The manufacturing process development program should identify which material attributes (e.g., of raw materials, starting materials, reagents, solvents, process aids, intermediates) and process parameters should be controlled. Risk assessment can help identify the material attributes and process parameters with the potential for having an effect on drug substance CQAs. Those material attributes and process parameters that are found to be important to drug substance quality should be addressed by the control strategy.

The risk assessment used to help define the elements of the control strategy that pertain to materials upstream from the drug substance can include an assessment of manufacturing process capability, attribute detectability, and severity of impact as they relate to drug substance quality. For example, when assessing the link between an impurity in a raw material or intermediate and drug substance CQAs, the ability of the drug substance manufacturing process to remove that impurity or its derivatives should be considered in the assessment. The risk related to impurities can usually be controlled by specifications for raw material/intermediates and/or robust purification capability in downstream steps. The risk assessment can also identify CQAs for which there are inherent limitations in detectability in the drug substance (e.g., viral safety). In these cases, such CQAs should be controlled at an appropriate point upstream in the process.

For chemical entity development, a major focus is knowledge and control of impurities. It is important to understand the formation, fate(whether the impurity reacts and changes its chemical structure), and purge (whether the impurity is removed via crystallization, extraction, etc.) as well as their relationship to the resulting impurities that end up in the drug substance as CQAs. The process should be evaluated to establish appropriate controls for impurities as they progress through multiple process operations.

Using a traditional approach, material specifications and process parameter ranges can be based primarily on batch process history and univariate experiments. An enhanced approach can lead to a more thorough understanding of the relationship of material attributes and process parameters to CQAs and the effect of interactions.

Risk assessment can be used during development to identify those parts of the manufacturing process likely to impact potential CQAs. Further risk assessments can be used to focus development work in areas where better understanding of the link between process and quality is needed. Using an enhanced approach, the determination of appropriate material specifications and process parameter ranges could follow a sequence such as the one shown below:

Identify potential sources of process variability;

Identify the material attributes and process parameters likely to have the greatest impact on drug substance quality. This can be based on prior knowledge and risk assessment tools;

Design and conduct studies (e.g., mechanistic and/or kinetic evaluations, multivariate design of experiments, simulations, modeling) to identify and confirm the links and relationships of material attributes and process parameters to drug substance CQAs;

Analyse and assess the data to establish appropriate ranges, including establishment of a design space if desired.

Small-scale models can be developed and used to support process development studies. The development of a model should account for scale effects and be representative of the proposed commercial process. A scientifically justified model can enable a prediction of quality, and can be used to support the extrapolation of operating conditions across multiple scales and equipment.

3.1.6 Design Space

Design space is the multidimensional combination and interaction of input variables (e.g., material attributes) and process parameters that have been demonstrated to provide assurance of quality. Working within the design space is not considered as a change. Movement out of the design space is considered to be a change and would normally initiate a regulatory post approval change process. Design space is proposed by the applicant and is subject to regulatory assessment and approval (ICH Q8).

The considerations for design space addressed in ICH Q8 for an enhanced approach to the development of the drug product are applicable to drug substance. The ability to accurately assess the significance and effect of the variability of material attributes and process parameters on drug substance CQAs, and hence the limits of a design space, depends on the extent of process and product understanding.

Design space can be developed based on a combination of prior knowledge, first principles, and/or empirical understanding of the process. Models (e.g., qualitative, quantitative) can be used to support design space across multiple scales and equipment.

A design space might be determined per unit operation (e.g., reaction, crystallization, distillation, purification), or a combination of selected unit operations. The unit operations included in such a design space should generally be selected based on their impact on CQAs and do not necessarily need to be sequential. The linkages between process steps should be evaluated so that, for example, the cumulative generation and removal of impurities is controlled. A design space that spans multiple unit operations can provide more operational flexibility.

The development and approval of a design space for some biotechnological/biological drug substance can be challenging due to factors including process variability and drug substance complexity (e.g., post-translational modifications). These factors can affect residual risk (e.g., potential for unexpected changes to CQAs based on uncertainties related to scale sensitivity) which remains after approval of the design space. Depending on the level of residual risk, it may be appropriate for an applicant to provide proposals on how movements within a design space will be managed post approval. These proposals should indicate how process knowledge, control strategy and characterization methods can be deployed to assess product quality following movement within the approved design space.

6. Control Strategy

6.1 General Principles

A control strategy is a planned set of controls, derived from current product and process understanding, that assures process performance and product quality (ICH Q10). Every drug substance manufacturing process, whether developed through a traditional or an enhanced approach (or some combination thereof), has an associated control strategy.

A control strategy can include, but is not limited to, the following:

Controls on material attributes (including raw materials, starting materials, intermediates, reagents, primary packaging materials for the drug substance, etc.);

Control implicit in the design of the manufacturing process [e.g., sequence of purification steps (biotechnological/biological drug substances), or order of addition of reagents (chemical entities)];

In-process control (including in-process tests and process parameters);

Controls on drug substance (e.g., release testing).

6.1.1 Approaches to Developing a Control Strategy

A control strategy can be developed through a combination of approaches, utilizing the traditional approach for some CQAs, steps, or unit operations, and a more enhanced approach for others.

In a traditional approach to developing a manufacturing process and control strategy, set points and operating ranges are typically set narrowly based on the observed data to ensure consistency of manufacture. More emphasis is placed on assessment of CQAs at the stage of the drug substance (i.e., end-product testing). The traditional approach provides limited flexibility in the operating ranges to address variability (e.g., in raw materials).

An enhanced approach to manufacturing process development generates better process and product understanding than the traditional approach, so sources of variability can be identified in a more systematic way. This allows for the development of more meaningful and efficient parametric, attribute, and procedural controls. The control strategy might be developed through several iterations as the level of process understanding increases during the product lifecycle. A control strategy based on an enhanced approach can provide for flexibility in the operating ranges for process parameters to address variability (e.g., in raw materials).

6.1.2 Considerations in Developing a Control Strategy

A control strategy should ensure that each drug substance CQA is within the appropriate range, limit, or distribution to assure drug substance quality. The drug substance specification is one part of a total control strategy and not all CQAs need to be included in the drug substance specification. CQAs can be (1) included on the specification and confirmed through testing the final drug substance, or (2) included on the specification and confirmed through upstream controls [e.g., as in Real Time Release Testing(RTRT)], or (3) not included on the specification but ensured through upstream controls. Examples of upstream controls can include:

In-process testing;

Use of measurements of process parameters and/or in-process material attributes that are predictive of a drug substance CQA. In some cases, Process Analytical Technology (PAT) can be used to enhance control of the process and maintain output quality.

Regardless of whether a traditional or enhanced process development approach is taken, the use of upstream controls should be based on an evaluation and understanding of the sources of variability of a CQA. Downstream factors that might impact the quality of the drug substance, such as temperature changes, oxidative conditions, light, ionic content, and shear, should be taken into consideration.

When developing a control strategy, a manufacturer can consider implementing controls for a specific CQA at single or multiple locations in the process, depending on the risk associated with the CQA and the ability of individual controls to detect a potential problem. For example, with sterilized chemical entities or biotechnological/biological drug substances, there is an inherent limitation in the ability to detect low levels of bacterial or viral contamination. In these cases, testing on the drug substance is considered to provide inadequate assurance of quality, so additional controls (e.g., attribute and in-process controls) are incorporated into the control strategy.

The quality of each raw material used in the manufacturing process should be appropriate for its intended use. Raw materials used in operations near the end of the manufacturing process have a greater potential to introduce impurities into the drug substance than raw materials used upstream. Therefore, manufacturers should evaluate whether the quality of such materials should be more tightly controlled than similar materials used upstream.

附录1.6 美国FDA发布的行业指南——工艺验证：一般原则和方法（工艺设计部分）[20]

【中文部分】

B. 第1阶段 工艺设计

1. 建立和捕获工艺知识和理解

通常，早期工艺设计实验不需要在GMP条件下进行。GMP为拟用于商业流通的药品在第2阶段（工艺确认）和第3阶段（持续工艺确证）生产时所必需。但是，早期工艺设计实验应依照合理的科学方法和原则进行，包括文件质量管理规范（GDP）。该建议与ICH Q10（药品质量体系）相一致。各种控制决策和依据应充分记录，并进行内部审核，以便确证和保持其价值，使其适合于后续工艺和产品生命周期内的使用。

尽管经常在小型实验室中开展，但绝大部分的病毒灭活和杂质清除研究不能被视为早期工艺设计实验。拟用于评估商业化规模产品质量的这些研究应当有质量部门参与,以确保这些研究能依据合理的科学方法和原则,并保证所得结论能得到相关数据的支持。

产品研发活动为工艺设计阶段提供关键信息,例如拟采用的剂型、质量属性和一般的生产途径。从产品研发活动中获得的工艺信息可在工艺设计阶段作为杠杆。当然,其是否能全部在商业化生产中作为典型的变量,在此阶段,一般是无法预测的。所以,在工艺设计中,应充分考虑商业化生产设备的功能性和局限性,也要充分考虑生产中设定的不同物料批次、不同操作人员、不同环境条件和不同测量系统所带来的变异情况。可研发能代表商业化生产工艺的小试或中试规模的模型来评价这些变异。

能否设计一个高效的工艺并伴随一个有效的过程控制方法,取决于所获得的工艺知识和理解。实验设计(DoE)可以帮助研发工艺知识。它通过揭示各种变量(如物料属性或工艺参数)与结果(如中间体或成品)之间相互关系(包括多变量相互作用)来进行。风险分析工具可用于筛选DoE研究的潜在变量,来实现以最少的实验总数获得最大化的知识。DoE研究结果能为建立未来物料属性、设备参数和中间体质量属性的范围提供依据。FDA一般不希望生产企业直至失败,还在对工艺进行研发和测试。

其他活动,例如小试或中试规模的实验或证明,也有助于对某些特定条件进行评价,并对商业化工艺性能进行预测。这些活动还能提供可用于商业化工艺模型或模拟的信息。对某些单元操作或动力学的基于计算机或虚拟化的模拟可提供对工艺的理解,并帮助避免商业化规模问题。重要的是要理解这些模型能在多大程度上代表商业化工艺,包括任何可能存在的差异,因为这可能会对来自于这些模型的信息相关性有影响。

至关重要的是,要把这些工艺理解活动和研究用文件进行记录。文件记录应反映对工艺进行决策的基础。例如,生产企业应当记录针对某一单元操作进行研究的变量,以及为何将它们确定为重要变量的依据。这些信息在工艺确认和持续工艺确证阶段也是有用的,尤其是要对设计空间进行修正或对控制策略进行优化或变更时。

2. 建立工艺控制策略

工艺知识和理解是为每个单元操作和工艺整体建立一个过程控制方法的基础。工艺控制策略可设计来减少变异,在生产中调整变异(以此降低对结果影响),或将两种方法结合。

工艺过程控制关注变异性,以确保产品质量。控制可由对重要工艺过程控制点的物料分析与设备监测构成。与工艺过程控制类型和范围有关的决策可以借助于早期开展的风险评估,之后可随获得的工艺经验而不断提高和改进。

FDA 希望控制包括物料质量检测和设备监测。特别值得注意的是,下列情况下,通过操作限度和过程监测对工艺过程进行控制是必不可少的:

(1) 由于取样或可检测性的限制(如病毒清除或微生物污染),产品属性不容易被检测的情况。

(2) 中间体和终产品不能被高度表征,已经定义的质量属性不能被识别的情况。

这些控制应包括在主生产与控制记录中。

更为先进的策略,可能涉及过程分析技术(PAT)的应用。PAT 能通过实时分析和控制回路来调整工艺条件,以使结果保持恒定。该类型的生产系统能比非 PAT 系统提供更高精度的工艺过程控制。在使用 PAT 策略的情况下,工艺确认方法不同于其他工艺验证中采用的方法。PAT 的进一步信息请参阅《FDA 行业指南:创新的药物研发、生产和质量保证框架体系——PAT》。

已经计划好的商业化生产与控制记录(包括工艺过程控制操作限度和总体策略),应转入下一阶段进行确认。

【英文部分】

Guidance for Industry

Process Validation: General Principles and Practices

B. Stage 1　Process Design

1. Building and Capturing Process Knowledge and Understanding

Generally, early process design experiments do not need to be performed under the cGMP conditions required for drugs intended for commercial distribution that are manufactured during Stage 2 (process qualification) and Stage 3 (continued process verification). They should, however, be conducted in accordance with sound scientific methods and principles, including good document practice. This recommendation is consistent with ICH Q10 Pharmaceutical Quality System. Decisions and justification of the controls should be sufficiently documented and internally reviewed to verify and preserve their value for use or adaptation later in the lifecycle of the process and product.

Although often performed at small-scale laboratories, most viral inactivation and impurity clearance studies cannot be considered early process design experiments. Viral and impurity clearance studies intended to evaluate and estimate product quality at commercial scale should have a level of quality unit oversight that will ensure that the studies follow sound scientific methods and principles and the conclusions are supported by the data.

Product development activities provide key inputs to the process design stage, such as the intended dosage form, the quality attributes, and a general manufacturing pathway. Process information available from product development activities can be leveraged in the process design stage. The functionality and limitations of commercial manufacturing equipment should be considered in the process design, as well as predicted contributions to variability posed by different component lots, production operators, environmental conditions, and measurement systems in the production setting. However, the full spectrum of input variability typical of commercial production is not generally known at this stage. Laboratory or pilot-scale models designed to be representative of the commercial process can be used to estimate variability.

Designing an efficient process with an effective process control approach is dependent on the process knowledge and understanding obtained. Design of Experiment(DoE) studies can help develop process knowledge by revealing relationships, including multivariate interactions, between the variable inputs(e.g., component characteristics or process parameters) and the resulting outputs (e.g., in-process material, intermediates, or the final product). Risk analysis tools can be used to screen potential variables for DoE studies to minimize the total number of experiments conducted while maximizing knowledge gained. The results of DoE studies can provide justification for establishing ranges of incoming component quality, equipment parameters, and in-process material quality attributes. FDA does not generally expect manufacturers to develop and test the process until it fails.

Other activities, such as experiments or demonstrations at laboratory or pilot scale, also assist in evaluation of certain conditions and prediction of performance of the commercial process. These activities also provide information that can be used to model or simulate the commercial process. Computer-based or virtual simulations of certain unit operations or dynamics can provide process understanding and help avoid problems at commercial scale. It is important to understand the degree to which models represent the commercial process, including any differences that might exist, as this may have an impact on the relevance of information derived from the models.

It is essential that activities and studies resulting in process understanding be documented. Documentation should reflect the basis for decisions made about the process. For example, manufacturers should document the variables studied for a unit operation and the rationale for those variables identified as significant. This information is useful during the process qualification and continued process verification stages, including when the design space is revised or the strategy for control is refined or changed.

2. Establishing a Strategy for Process Control

Process knowledge and understanding is the basis for establishing an approach to process control for each unit operation and the process overall. Strategies for process control can be designed to reduce input variation, adjust for input variation during manufacturing (and so reduce its impact on the output), or combine both approaches.

Process controls address variability to assure quality of the product. Controls can consist of material analysis and equipment monitoring at significant processing points. Decisions regarding the type and extent of process controls can be aided by earlier risk assessments, then enhanced and improved as process experience is gained.

FDA expects controls to include both examination of material quality and equipment monitoring. Special attention to control the process through operational limits and in-process monitoring is essential in two possible scenarios:

1. When the product attribute is not readily measurable due to limitations of sampling or detectability (e.g., viral clearance or microbial contamination).

2. When intermediates and products cannot be highly characterized and well-defined quality attributes cannot be identified.

These controls are established in the master production and control records.

More advanced strategies, which may involve the use of process analytical technology (PAT), can include timely analysis and control loops to adjust the processing conditions so that the output remains constant. Manufacturing systems of this type can provide a higher degree of process control than non-PAT systems. In the case of a strategy using PAT, the approach to process qualification will differ from that used in other process designs. Further information on PAT processes can be found in FDA's guidance for industry on PAT—*A Framework for Innovative Pharmaceutical Development, Manufacturing, and Quality Assurance.*

The planned commercial production and control records, which contain the operational limits and overall strategy for process control, should be carried forward to the next stage for confirmation.

附录1.7 ICH Q10——药品质量体系（节选）[1]

【中文部分】

1.5 ICH Q10的目标

1.5.1 完成产品实现

建立、实施和维护一个能完成具有合适质量属性产品实现的体系，以满足患者、卫生保健人员、监管机构（包括符合已批准的监管文档）以及其他内部和外部客户的要求。

1.5.2 建立并保持受控状态

研发和使用有效的工艺性能和产品质量监控系统，为持续的工艺适用性和工艺能力提供保证。质量风险管理有助于识别这些监控系统。

1.5.3 促进持续改进

识别和实施合适的产品质量改进、工艺改进、减少变异性、创新和药品质量体系提升，并以此持续提高满足质量要求的能力。质量风险管理有助于识别那些需持续改进的领域，并区分其优先次序。

1.6 实现途径：知识管理和质量风险管理

1.6.1 知识管理

对产品和工艺知识的管理应从产品研发开始，贯穿产品的商业生命周期，直到并包括产品终止。例如，采用科学方法进行的研发活动能为产品和工艺的理解提供知识。知识管理是获取、分析、保存和传播信息的系统方法。这些信息与产品、生产工艺和组分有关。知识的来源包括但不限于先前知识（公共文献或内部文件）、药品研发、技术转移活动、整个产品生命周期内的工艺验证研究、生产经验、创新、持续改进和变更管理活动。

1.6.2 质量风险管理

质量风险管理是药品质量体系有效的不可或缺的部分。它能为识别、科学评价和控制潜在的质量风险提供前瞻性方法。质量风险管理促进整个产品生命周期的工艺性能和产品质量的持续改进。ICH Q9 为应用于药品质量各方面的质量风险管理工具提供原则和示例。

3.2 药品质量体系要素

药品质量体系要素包括：

工艺性能和产品质量监测系统。

纠正和预防措施（CAPA）系统。

变更管理系统。

工艺性能和产品质量的管理审核系统。

这些要素的应用需与产品生命周期的各个阶段相适应和相称。应认识到其中的不同之处,并认识到产品生命周期的每个阶段有不同的目标。在整个产品生命周期内,鼓励评价那些能改善产品质量的创新方法的机会。

【英文部分】

1.5 ICH Q10 Objectives

1.5.1 Achieve Product Realisation

To establish, implement and maintain a system that allows the delivery of products with the quality attributes appropriate to meet the needs of patients, health care professionals, regulatory authorities (including compliance with approved regulatory filings) and other internal and external customers.

1.5.2 Establish and Maintain a State of Control

To develop and use effective monitoring and control systems for process performance and product quality, thereby providing assurance of continued suitability and capability of processes. Quality risk management can be useful in identifying the monitoring and control systems.

1.5.3 Facilitate Continual Improvement

To identify and implement appropriate product quality improvements, process improvements, variability reduction, innovations and pharmaceutical quality system enhancements, thereby increasing the ability to fulfil quality needs consistently. Quality risk management can be useful for identifying and prioritizing areas for continual improvement.

1.6 Enablers: Knowledge Management and Quality Risk Management

1.6.1 Knowledge Management

Product and process knowledge should be managed from development through the commercial life of the product up to and including product discontinuation. For example, development activities using scientific approaches provide knowledge for product and process understanding. Knowledge management is a systematic approach to acquiring, analyzing, storing and disseminating information related to products, manufacturing processes and components. Sources of knowledge include, but are not limited to prior knowledge(public domain or internally documented); pharmaceutical development studies; technology transfer activities; process validation studies over the product lifecycle; manufacturing experience; innovation; continual improvement; and change management activities.

1.6.2 Quality Risk Management

Quality risk management is integral to an effective pharmaceutical quality system. It can provide a proactive approach to identifying, scientifically evaluating and controlling potential risks to quality. It facilitates continual improvement of process performance and product quality throughout the product lifecycle. ICH Q9 provides principles and examples of tools for quality risk management that can be applied to different aspects of pharmaceutical quality.

3.1 Pharmaceutical Quality System Elements

(Pharmaceutical quality system) elements are:

Process performance and product quality monitoring system;

Corrective action and preventive action(CAPA) system;

Change management system;

Management review of process performance and product quality.

These elements should be applied in a manner that is appropriate and proportionate to each of the product lifecycle stages, recognizing the differences among, and the different goals of, each stage. Throughout the product lifecycle, companies are encouraged to evaluate opportunities for innovative approaches to improve product quality.

附录1.8 体内外相关性：基础知识、模型建立时的考虑因素及应用（节选）

（节选自《固体口服制剂的研发——药学理论与实践》[16]第17章,略加修改）

在过去的几十年里,研究人员一直尝试利用体外实验和模型来评估或预测药物在体内的性能,从而对药物制剂进行筛选、优化和监测。对于口服固体制剂,通常是尝试将体外释药实验与体内药动学实验相联系。通过探索体外溶出或释放数据与体内吸收数据之间的关系,则可能确定一个药物的体内外相互关系(IVIVR)。这种关系从本质上通常为定性或半定量的(如排列顺序)。一旦建立起某种可预测的关系或模型,并通过体外溶出或释放实验差别与已知的体内吸收差别来验证,那就建立起了IVIVC。

近十几年来,特别是从1997年美国FDA颁布速释制剂溶出实验和缓释制剂IVIVC指导原则以及欧盟EMEA随后颁布的指导原则注解之后,口服固体制剂IVIVC研究引起企业、监管机构和学术界的广泛关注。因此,在IVIVC基础上,利用体外实验来评估或预测固体药物制剂(特别是缓释制剂)体内性能的可行性和成功率已得到提高。利用已建立的IVIVC,溶出度或释放度数据不仅可用于质量控制,还可用于指导并优化产品研发,建立有体内意义的溶出度或释放度标准,以及作为人体生物利用度试验的替代。

17.1.1 IVIVC

USP和美国FDA分别对IVIVC作了定义。USP:IVIVC是指制剂的生物学特征或源于生物学特征的参数与其理化性质之间的确定关系。美国FDA:IVIVC是指描述药物的体外特征(通常为药物的体外释放速率或释放程度)与体内响应(如血药浓度或吸收的药物总量)之间关系的一种预测性数学模型。

目前,根据确定相关性所用的数据类型以及预测药物制剂整体血药浓度曲线的能力,美国FDA将IVIVC分为A、B、C三类。

A级相关:描述药物在体外的整个释放过程与整个体内响应时间过程,如血药浓度或药物吸收量之间的点点对应关系的预测性数学模型。

B级相关:描述药物的体外释放与体内特性的概略参数之间关系的预测性数学模型,如平均体外释放时间与平均体内释放时间或平均体内滞留时间之间的关系模型。

C级相关:描述药物在某个特定点的溶出量或某个特定溶出量所需时间与表征体内吸收参数之间关系的预测性数学模型。

多重C级相关:描述药物在多个特定时间点的溶出量与一个或以上药动

学参数之间关系的预测性模型。

A级相关反映的信息量最大,也是从药品审评角度来讲用途最大的方法,因为它反映体外释放与体内释放或吸收之间点与点的关系。A级相关可以通过药物的体外实验数据预测其体内响应的整个过程。多重C级相关也十分有用,因为它能提供体外释放曲线的体内意义。而C级相关虽然没有给出整个过程的血药浓度——时间曲线,但这种方法在产品研发早期或制定产品指标时十分有用。B级相关应用统计矩分析原理,但由于不同的体外或体内曲线可能出现相似的平均值,因而这种方法最不被药品审评机构所认可。

17.1.2 IVIVC与药品研发

20世纪60年代早期就已认识到IVIVC可用于指导药物制剂及工艺研发。一个验证了的IVIVC有助于处方变更、工艺放大以及制定有意义的体外溶出或释放标准。此外,通过IVIVC可从药物的体外实验结果获取相关的生物学意义,故药物的体外实验结果可用于替代其体内研究。因此,一个明确的、具有预测性的高质量的IVIVC对于提升产品质量和降低监管机构负担具有十分重要的作用。

20世纪80年代以来,人们对建立IVIVC的方法和挑战性展开了深入探讨和争论。总的来说,速释口服制剂IVIVC的不确定性较高,原因是药物在体内的表观吸收通常是多个变量的函数,而这些变量中有很多都难以在体外进行单独研究或模拟。如,很难建立起高水溶性药物(BCS分类为I类或III类)速释型口服固体制剂的IVIVC,因为在这种情况下,胃的排空或膜通透性往往是限速步骤。相对于速释制剂,IVIVC更适合于缓释制剂。因为这种情况下,药物的释放是吸收过程的限速步骤。缓释制剂通常会使病人在较长一段时间内保持一定的血药浓度水平(如多至24小时)。为了确保药物体内性能的一致性,与体内关联的体外实验方法具有很高价值。因此,美国FDA建议在研发缓释制剂的过程中考察建立IVIVC的可能性。

附录1.9 分析方法的QbD——方法验证和转移的可能影响[9](节选)

【中文部分】

1. QbD在药品研发和生产中的应用正日益得到广泛认可。它采用系统和科学的方法,并实施建立在深刻工艺理解基础上的控制策略,目的是为了增加工艺的稳健性。许多制药企业也已认识到QbD能提高分析方法的可靠性。本文描述分析方法转移和验证的传统途径也能从符合QbD的概念中获益,并提出为确保分析方法验证的QbD在整个方法生命周期中适用于其预期目的的三阶段概念:方法设计、方法确认和持续方法确证。

2. 与美国FDA发布的工艺验证指南中所提出的工艺验证相一致,分析方法验证也属于一种三阶段途径:

第1阶段:方法设计。根据分析目标概况(ATP)中给定的测量要求,定义方法要求和条件,并识别出潜在的关键控制。

第2阶段:方法确认。该阶段需要确认该方法可满足其设计目的,并建立关键控制。

第3阶段:持续方法确证。此阶段要获得持续保证,确保该方法在日常使用中仍处于受控状态。此阶段的具体内容包括该方法在日常应用中的持续方法性能监测以及变更后方法性能确证。

3. 如果分析方法变更涉及在新场所的操作,除需进行方法性能确证外,尚要实施合适的方法安装活动(包括知识转移)。方法安装活动侧重于保证进行方法预期操作的场所为使用该方法而进行的充分准备,包括分析仪器确认、合适的知识转移和分析人员培训。方法条件和详细操作控制措施连同方法设计阶段产生的所有知识和理解均要传递至方法预期使用的场所。在原场所和新场所由分析人员所进行的方法攻关活动在保证该方法的所有隐性知识被表达和理解方面极具价值。方法安装的程度应基于风险评估,并应考虑,例如,新场所分析人员先前所掌握的诸如该产品、该分析方法或该分析技术的知识程度。

4. 分析方法验证转向QbD既改善了分析方法的性能,同时也给制药企业带来分析方法验证和转移方面迈向现代化和标准化的机遇。通过将分析方法验证的概念和术语与工艺验证和设备确认一致,可以保证方法验证中所倾注的努力真正升值,而非仅成为检查框活动,并降低分析学家所认为的在目前分析方法验证和转移中所存在的混乱性与复杂性。

【英文部分】

1. Adoption of quality-by-design (QbD) concepts in pharmaceutical development and manufacture is becoming increasingly well-established. QbD concepts are aimed at improving the robustness of manufacturing processes based upon adopting a systematic and scientific approach to development and implementing a control strategy based on the enhanced process understanding this provides. Many pharmaceutical companies have also recognized that QbD concepts can be used to improve the reliability of analytical methods. The authors describe how traditional approaches to analytical method transfer and validation also may benefit from alignment with QbD concepts and propose a three-stage concept to ensure that methods are suitable for their intended purpose throughout the analytical lifecycle: method design, method qualification, and continued method verification.

2. In alignment with the approach proposed in the FDA guidance for process validation, it is possible to envisage a three-stage approach to method validation.

Stage one: method design. The method requirements and conditions are defined according to the measurement requirements given in the analytical target profile and the potential critical controls are identified.

Stage two: method qualification. During this stage, the method is confirmed as being capable of meeting its design intent and the critical controls are established.

Stage three: continued method verification. Ongoing assurance is gained which ensures the method remains in a state of control during routine use. This includes both continuous method performance monitoring of the routine application of the method as well as a method performance verification following any changes.

3. If a change involves operation of the method in a new location, appropriate method-installation activities, including knowledge transfer, need to be per-

formed in addition to a method-performance verification exercise. Method installation focuses on ensuring that the location at which the method is intended to be operated is adequately prepared to use the method. It includes ensuring that the analytical equipment is qualified and appropriate knowledge transfer and training of analysts have been performed. The method conditions and detailed operating controls along with all the knowledge and understanding generated during the design phase are conveyed to the location in which the method will be used. Performing a method-walkthrough exercise with the analysts in the original and new locations can be extremely valuable in ensuring all tacit knowledge about the method is communicated and understood. The extent of the method-installation activities should be based on an assessment of risk and should consider, for example, the level of preexisting knowledge of the analysts in the new location with the product, method, or technique.

4. The switch to a QbD approach to method development is already beginning to bring improvements to the performance of analytical methods. Opportunities also exist to modernize and standardize industry's approach to method validation and transfer. By aligning method validation concepts and terminology with those used for process validation as well as equipment qualification, there is an opportunity to ensure that efforts invested in method validation are truly value adding, rather than simply being a check-box exercise, and to reduce confusion and complexity for analytical scientists.

附录1.10 美国FDA发布的行业指南：创新的药物研发、生产和质量保证框架体系——PAT[24]

【中文部分】

行业指南

创新的药物研发、生产和质量保证框架体系——PAT

Ⅰ.前言

本指南旨在介绍一种过程分析技术(PAT)的管理框架，并鼓励在创新的药物研发、生产和质量保证中自愿开发和实施。在现有管理条例下，药监部门已经研发了一种创新途径来帮助制药企业解决其所遇到的技术和法规方面的问题。

本指南是为广大工业界的组织单位和科学部门读者撰写的。在很大程度上，本指南是为鼓励创新，本着提供有利时机和完善管理程序的目的来讨论一些原则。从这一点上来讲，本指南不是一个真正意义上的药监部门发布的指南。

FDA的指南，包括本指南，并不具备强制执行的法律效力；除非指南被具体条例或法定要求所引用。指南通常是药监部门当前对某个问题的看法或可看作仅是建议。FDA指南中所用的"应该"一词也只是意味着某事被建议或推荐使用，而不是必须使用。

Ⅱ. 范围

本指南描述了一个科学的、基于风险的框架体系，即过程分析技术（PAT）。PAT的目的是支撑药物研发、生产和质量保证的创新和提高效率。该框架建立在对工艺过程理解的基础上，促进企业和药监部门的创新和基于风险的管理决策。该框架体系包括两个要素：一个是支撑创新的科学原则和工具，另一个是适应创新的管理实施策略。这个管理实施策略包括建立一个PAT团队，以便进行化学、生产和控制（CMC）资料审评和现行药品生产管理规范（GMP）检查，以及对审评和检查人员的联合培训与资质认证。结合本指南的建议，该新策略的目的是为了解决制药企业在生产和质量保证中的创新与现行管理之间的矛盾。药监部门鼓励生产企业在药物研发、生产和质量保证中应用该PAT框架，来研发和实施有效、高效的创新方法。

本指南适用于由药品评价和研究中心（CDER）与兽药中心（CVM）批准的新药申请（NDA）和简略新药申请（ANDA）（人用和兽用）的产品和特定生物制品及其他不经申请的药品。在该范围内，本指南适用于覆盖产品生命周期的所有原料药、药品和特定生物制品（包括中间体和药品组成成分）的生产商[参见"美国联邦法规汇编"（CFR）：21CFR211部分相关法规的实例]。本指南所指的生产商包括人用药品、兽药和特定生物制品的生产者和申请人

[21CFR99.3(f)]。

必须强调,生产商与药监部门合作研发和实施PAT的任何决策应都是自愿的。另外,对某一特定产品进行创新的PAT体系的研发和实施,并不意味着必须为其他产品也研发和实施一个类似的体系。

Ⅲ. 背景

常规的制药企业生产通常是用批取样方式的实验室检验来对其质量进行评价。尽管该常规方法已经能很好地为公众提供合格的药品,然而,如今有了重要机遇来推动药物研发、生产和质量保证。它可以通过产品和工艺研发、过程分析和过程控制中的创新来实现。

遗憾的是,制药行业对于在生产环节引入创新体系,出于各种原因,总是犹豫不决。其常见原因之一就是管理的不确定性。这可能是源于现行的管理系统比较僵硬,难以引入创新体系。如,许多生产规程被看作是固定不变的,对于许多工艺变化要通过管理审批才能实现。另外,其他科学技术问题可能也是产生这种犹豫不决的原因。然而,从公共卫生前景的角度讲,在制药企业生产中要充分应用创新方法,产业的犹豫不决是不可取的。高效的制药企业生产是保障美国卫生保健系统活力的一个关键部分,因为公民的健康(和宠物的保健)有赖于安全、有效和用得起的药品。

由于其在卫生保健方面发挥着日益重要的作用,制药企业生产更需要引进创新、结合边缘学科的科学和工程学知识以及优秀的质量管理体系,以适应新发现(如新药和纳米技术)和新治疗方式(如个性化治疗、基因介入治疗)所带来的挑战。同时,管理政策也必须适应这一挑战。

2002年8月,旨在鼓励创新和打消顾虑,FDA发起了题为"21世纪制药行业GMP:基于风险的方法"的新倡议。为了从根本上帮助美国公众享受高质量卫生保健服务,该倡议要实现的几个重要目标是:

- 在保证产品质量的同时,把风险管理和质量体系的最新概念融入到药品生产中。
- 鼓励生产商应用药品生产和技术的最新科学成果。
- 药监部门对申请的审评和检查程序以与企业平等和合作的方式进行。

- 药监部门和生产商共同制定法规和生产标准。
- 药监部门基于风险的管理策略鼓励制药企业在生产环节中的创新。
- 有效和高效利用药监部门的资源开展重大健康风险的评估。

随着科学和工程学原理的不断加强,制药企业生产也在不断地发展。在产品的生命周期中,有效利用最新制药科学和工程学原理与知识能够提高生产和管理环节的效率。FDA的这一倡议旨在应用一个整体系统方法来改善制药企业的产品质量。该方法基于科学和工程学原理来评估,并降低与劣质的产品和工艺有关的风险。基于这一考虑,制药企业生产和管理的理想状态可描述如下:

- 产品质量与性能通过设计有效和高效的工艺来保证。
- 产品和工艺标准基于对处方和工艺因素影响产品性能的机理的理解。
- 持续实时质量保证。
- 制定相关的管理策略和规程以适应当今科学知识的最新水平。
- 基于风险的管理方法建立在:
    ——对处方和工艺诸因素影响产品质量和性能的科学理解水平。
    ——采用过程控制策略预防或降低生产劣质产品风险的能力。

本指南旨在推动产业向上述理想状态发展,与药监部门于2002年8月发出的倡议是一致的。

本指南是在CDER、CVM和政策事务办公室(ORA)的共同合作努力下完成的。共同合作内容包括公开讨论、PAT团队组建、联合培训与认证、研究。这一工作的主要部分是在FDA科学理事会、制药科学咨询委员会(ACPS)、ACPS的PAT分会和一些科学机构间广泛而公开的讨论中形成的。讨论的内容涵盖了很多方面的话题,如改进制药企业生产的机遇、创新中的障碍、清除这些现时和可预见障碍的可能途径以及在本指南中提及的若干原则。

Ⅳ. PAT框架体系

药监部门认为,PAT是一个系统,是以实时监测(例如在生产过程中)原材料、中间体和工艺的关键质量和性能属性为手段,建立起来的一种设计、分析和控制生产的系统,以确保终产品的质量。值得注意的是:PAT中"分析"一词的含义是一个包括化学、物理、微生物学、数学和风险分析在内的多学科综合分析方式。PAT的目标是加强对工艺过程的理解和控制。这与现行的药品质量管理体系是一致的：质量不是对产品检验出来的，而是设计出来或通过设计融入进去的。因此，本指南中提及的工具和原则可用于对工艺过程理解的信息获取，也可用于满足验证和控制生产工艺的管理需求。

把质量融入产品中，建立在对下述内容的综合理解上：
- 预期治疗目的，患者人群，给药途径，药物的药理学、毒理学和药动学特点。
- 药物的化学、物理及生物药剂学特点。
- 基于上述药物特点进行产品设计、产品组成成分选择和包装选择。
- 生产工艺是利用工程学、材料学和质量保证的原理设计出来的，并能确保在整个货架期内产品质量和性能合格且稳定。

通过将质量融入产品的方法，本指南强调对工艺过程理解的必要性、通过创新提高生产效率的机遇、生产商和药监部门之间加强科学沟通的机遇。随着对将质量融入产品的日益重视，客观上要求对多因素间的相关关系（物料、工艺、环境变量以及这些因素对产品质量的影响）给予更多的关注。如此更多的关注为识别和理解各种关键处方和工艺因素之间的关系以及为研发有效的风险降低策略（如产品标准、过程控制、培训等）提供了基础。可通过处方前研究、研发和工艺放大研究中得到的各种数据和信息以及通过对产品生命周期中积累的生产数据的进一步分析，来帮助理解这些相关关系。

在研发、生产和质量保证中的有效创新能更好地回答以下问题，如：
- 药物降解、释放和吸收的机理是什么？
- 产品组成对其质量的影响有哪些？
- 可变性的哪些来源是关键的？
- 工艺是如何来控制可变性的？

PAT框架的预期目的是为了建立已完全理解的工艺，该工艺将持续保证在生产过程的终点达到预先设定的质量。这些规程与质量源于设计（QbD）的基本内涵一致，能降低质量上的风险和管理上的担忧，并能提高效率。它在质量、安全性和(或)有效性方面所获得的益处,依工艺和产品的不同而有所差异。这些益处可能包括：

- 使用线上、线内和(或)近线检测和控制,缩短生产周期。
- 防止不合格产品、废品及返工的发生。
- 实时放行。
- 通过增加自动控制,提高操作者的安全保障,减少人为误差的发生。
- 提高能源与材料利用,增加产量。
- 促进持续生产,提高效率和控制可变性:如利用专用小型设备(来消除某些工艺放大的问题)。

本指南旨在通过对工艺过程理解的关注来推动在研发、生产和质量保证中的创新。该理念适用于所有与生产有关的情形。

A. 工艺过程理解

一般来说,完成以下3项任务,这样的工艺才能称得上是已经完全理解的工艺:(1)产生可变性的所有关键来源都有了识别和解释;(2)工艺能控制可变性;(3)根据所用物料、工艺参数、生产、环境和其他条件所建立的设计空间,能准确且可靠地预测出产品质量属性。预测能力反映对工艺过程理解的程度。尽管回顾性工艺能力数据能表明受控状态,但仅这些数据不足以估量或说明对工艺过程的理解。

对工艺过程理解的关注可为用于监测与控制物料和工艺的生物学、物理和(或)化学属性的系统的评估和资质审查提供更多的选择,因而能减轻系统验证的负担。缺乏对工艺知识的理解时,若用一个新的过程分析仪,必须开展过程分析仪与常规取样检验方法之间的比较,这也许是系统验证批准的唯一选择。如此操作有时非常繁琐,可能会挫伤一些新技术应用的积极性。

把实验室方法转移到线上、线内或近线检测方法中也许不必采用PAT。此时应考虑采用现有法规指南文件和药典中的方法进行分析方法验证。

在小规模结构化产品和工艺研发中,可利用实验设计(DoE)、过程分析仪来实时采集数据。这将有助于对工艺开发、工艺优化、工艺放大、技术转移和控制方面的进一步认识和理解。进而在生产阶段当遇到可能的其他可变因素

(如环境变化、物料供应商变更等)时,对工艺过程的理解就会进一步深化。因此,在产品的整个生命周期中不断加深对工艺过程的理解是十分重要的。

B. 原则和工具

制药生产工艺通常包括一系列单元操作环节,各单元都要对生产中物料的某些特征进行优化。要确保此优化既理想又有可重复性,就要重视各单元操作环节输入物料的质量属性及其生产能力。在过去的30年里,对化学属性(如鉴别和纯度)分析方法的开发取得了重大进步。然而,对药物成分的某些物理和机械属性并不十分清楚。因此,原材料中那些固有的且未被检测的变异性可能会反映到终产品中。要建立适合于原材料和中间体物理属性的有效工艺,就必须对那些影响产品质量的关键属性有一个根本的理解。要理解原材料及中间体的这些属性(如样品间粒径大小和形状的变异)可能是一个巨大的挑战。这是由其收集代表性样品的复杂性和艰巨性所决定的。例如,粉末取样规程就可能出错,这是大家都知道的。

处方研发策略是为了建立稳健的工艺。稳健的工艺就是在原材料物理属性有微小差异时不会对工艺产生不良影响。这些处方研发策略不具普适性,通常是基于专业处方工程师的经验,这些处方的质量也仅仅通过对中间体和终产品的检验来评价。当前,这些样品的检验都是在取样后进行离线分析。由于在样品制备(如将待测成分与其他成分进行化学分离)后只能检测活性成分的一个属性,多种质量属性就需要多项不同的实验(每个实验只针对某种特定属性)来完成。这样,在样品制备时,处方组成中其他有价值的信息常常会丢失。现今,一些新技术使得在无样品制备或简单的样品处理情况下,同时获取多元属性信息成为可能。这些技术为评估多元属性提供了机遇,且通常是非破坏性检测。

当今,多数制药工艺基于终点时间判定(如混合10min)。问题是,在某些情况下,终点时间判定并未考虑原材料物理特性之间差异的影响。这样,即使原材料符合已建立的药典标准(它通常只标明化学鉴别和纯度),其生产难度仍然很大,甚至可能导致产品质量的不合格。

适当地应用下述PAT工具和原则,能够提供物理、化学和生物学属性的相关信息。从这些信息中获取的工艺过程理解,使工艺得到控制和优化,能弥补上述终点时间判定的缺陷,并能提高生产效率。

1. PAT 工具

有许多工具可以用于对科学的、基于风险的药物研发、生产及质量保证中的工艺过程理解。在系统中应用这些工具时,可有效和高效地采集信息,来促进工艺理解、持续改进和风险降低策略的研发。在 PAT 框架体系中,这些工具可分为:

- 用于设计、数据采集及分析的多元统计工具。
- 过程分析仪。
- 过程控制工具。
- 持续改进和知识管理工具。

这些工具的适当联用(部分或全部)可用于一个单元操作或整个生产工艺及其质量保证中。

a. 设计、数据采集及分析的多元统计工具

从物理、化学以及生物学角度来看,制药产品及其工艺是一个复杂的多元系统。目前有许多研发策略可用于识别最佳处方和工艺。在这些研发项目中获得的知识是工艺设计的基础。

这些知识有助于支持和评估诸如生产中的创新和批准后的变更之类灵活的管理路径的可行性。一个拥有各种多元相关关系(如处方、工艺与产品质量属性之间关系)间科学内涵的知识库可作为评价该知识在不同情形中适用性(即普适性)的一种工具,因而非常有用。通过多元数学统计手段(如 DoE、响应面法、工艺模拟和模式识别软件)的应用,再结合知识管理系统,可以使该优势得到充分发挥。利用模型预测的统计分析可评估知识的数学关系及模型的适用性与可靠性。

基于正交设计、参照单位分析和随机化等统计原则的方法学实验,能为识别和研究产品与工艺变量之间的影响及交互作用提供有效手段。而传统的单因素实验却难以发现产品与工艺变量的交互作用。

在产品和工艺研发中所进行的实验可看作是知识的积木。这些知识在产

品生命周期中不断积累并升级到更为复杂的程度。从结构化实验中获取的信息支撑着针对特定产品及其工艺的知识体系的研发。该信息与其他研发项目中获得的信息一起,将成为整个公共知识库的一部分。随着该公共知识库覆盖面(变量范围和使用范围)和数据密度的不断增大,对它的挖掘,将为未来研发项目提供有用的模式。这些实验性数据库还可支撑工艺模拟模型的研发。该模拟模型能用于不断加深对工艺过程的理解,并能帮助缩短整个研发时间。

适当应用这些工具,能识别和评价对产品质量和性能可能起关键影响的产品和工艺变量,还能识别潜在的失效模式及其原因,并量化它们对产品质量的影响。

b. 过程分析仪

在过去几十年里,鉴于对工艺数据采集的不断重视,过程分析仪已取得显著进步。这一进步主要应归功于生产能力、质量及环境因素方面的工业化驱动。这些仪器已经从主要用作单变量工艺参数(如pH、温度和压力)检测发展到了对生物学、化学和物理属性的检测。一些过程分析仪能实现真正的无损检测。这些无损检测能提供与生产中物料生物学、物理及化学属性有关的信息。这些检测可以:

- 近线检测:样品经取样、分离,尽可能靠近生产线进行检测。
- 线上检测:样品取自生产过程中,也可再返回生产线中的检测。
- 线内检测:样品不离开生产线,可以是嵌入式或非嵌入式的检测。

过程分析仪通常采集大量的数据。某些数据与常规质量保证和管理决策可能是相关的。在PAT环境下,批记录应包括能显示良好工艺质量和产品符合性的科学信息和规程。例如,批记录可包含能显示检测结果的可接受范围、置信区间和分布曲线(批间和批内)的一系列图表。便捷且安全使用这些数据,对实时生产控制和质量保证是很重要的。因此,安装的信息技术系统应具备该功能。

过程分析仪采集的数据不必是待检测属性的绝对值,只要能区分物料在投料前和生产过程中的相对差异(即批内、批间、不同供应商间差异)就足够了,这对过程控制是有用的信息。可研发灵活的工艺来控制生产中物料的可变性。当质量属性上的差异和其他工艺信息能用来控制[即前馈控制和(或)反馈控制]工艺时,该方法才能称得上已建立和被认为是合理的。

过程分析仪的发展使得在生产中进行实时过程控制和质量保证变得便捷可行。但是,要用于实时过程控制和质量保证,通常需要用多变量的方法来提炼其中的关键工艺知识。

通常,对工艺的综合统计分析和风险分析是评估预测性数学模型的可靠性所必需的。基于估计的风险,需要一个简单的相关函数进一步支撑和佐证诸如对工艺、物料检测和目标质量标准之间因果关系链的机理解析。对于应用软件来说,传感器检测的结果能提供有用的特定工艺信息。这些特定信息可能与其后续工艺步骤或技术转移有关。随着对工艺理解的加深,当这些模式或特定信息与产品和工艺质量有关时,它们对过程监测、控制和终点判定也是有价值的。

工艺设备、过程分析仪及其接口的设计和安装对于保证数据采集是至关重要的,因为采集的这些数据与工艺和产品属性相关,是工艺和产品属性的表征。还应重点考虑稳健性设计、可靠性和操作的便捷性。在生产线已有的工艺设备上安装过程分析仪时,应保证该安装不会对工艺或产品质量产生不利影响。只有在完成该风险分析后才能进行安装。

诸如美国实验与材料协会(ASTM)国际组织发布的过程分析仪现行标准规范可提供一些有价值的信息,并鼓励企业与药监部门进行讨论。在本指南的参考书目中列出了其中的一些标准。另外,ASTM的E55技术委员会在即将颁布的标准中对执行PAT框架体系提供了附加信息。对于那些想在某特定工艺中使用过程分析仪,并用此来理解和控制该工艺的生产商来说,建议考虑研发一个基于科学和风险的PAT。

c. 过程控制工具

要保证对所有关键质量属性的有效控制,必须从根本上加强产品研发和工艺研发的紧密结合,这一点是很重要的。

过程监测和控制策略是监测一个工艺的状态,并使之有效控制以维持在一个所需的状态。该策略应根据输入物料属性、过程分析仪检测关键质量属性的能力和可靠性、实现过程终点控制的能力来设计,以保证输出物料和终产品质量的一致性。

在PAT框架体系下,药物处方和工艺的开发与优化应包括以下几步(各步的顺序可能有所不同):

- 与产品质量相关的关键物料及工艺属性的识别和检测。
- 过程测量系统的设计,以实现对所有关键属性的实时或近实时监测(即线上、线内或近线监测)。
- 过程控制的设计。通过适当调整以保证对所有关键属性的控制。
- 数学模型的研发,以建立产品质量属性与关键物料及工艺属性之间的数学关系。

在PAT框架下,过程的终点不是一个固定的时间,而是实现预期的物料属性。但这并不意味着就不用考虑工艺时间。可根据生产周期中的实际情况,确定一个可接受的工艺时间范围(工艺窗口),并应进行评价。在该可接受的工艺时间范围内,应对存在的显著差异予以研究。

由于PAT贯穿整个生产全过程,在生产中对中间体和终产品评价所得到的信息要比在现有的实验室检验中得到的信息多得多,从而也为质量决策中应用更严谨的统计学原理提供了机会。该原理可用于制定已充分考虑到取样与检测策略的终点属性的可接受标准。基于多变量统计分析的过程控制能够充分体现实时检测的价值,且是可行的。质量决策应基于对工艺过程的理解和对相关工艺/产品属性的预测与控制上。这样的控制规程能验证工艺的性能,是一条符合相关GMP要求的途径[21CFR211.110(a)]。

那些能更好地促进对产品和工艺理解的系统,必将会对每批产品的质量有更好的保证,并能为其验证提供可替代的有效机理[21CFR211.100(a)]。在PAT框架下,验证可以通过持续的质量保证来阐明。该持续的质量保证是指一个工艺通过使用经验证的过程检测、检验、控制和过程终点判定而一直处在监测、评价和调整中。

建议用基于风险的方法对PAT软件系统进行验证。同时,FDA发布的其他指南(如软件验证的一般原则)所提供的建议应给予考虑。其他有用信息可从诸如ASTM发布的公认标准中获得。

d. 持续改进和知识管理

在整个产品生命周期中,对数据采集和分析的不断积累是十分重要的。这些数据对那些批准后工艺变更建议的合理性评估是有用的。支撑从这些数据库中获取知识的方法和信息技术系统对生产商有益,也能促进与药监部门的科学交流。

在管理决策制定中,应把握时机充分利用已有的相关产品和工艺知识进行改进。建立在多元相关关系(处方、工艺与质量属性之间关系)基础之上的科学理解及其评价这些知识在不同情形中适用性(即普适性)的知识库是非常有用的。当今信息技术的支撑使该知识库的研发和维护有了可行性。

2. 基于风险方法

在一个已建立的质量体系中,对一个特定的生产工艺来说,其理想状态是:对工艺理解的水平与生产次品的风险之间是一个反比关系。对于一个充分理解的工艺来说,就有机会研发限制性较小的管理方法来处理变更(如不需要提出申请)。因此,加强工艺理解有利于促进基于风险的管理决策和创新。注意:风险分析和管理的内容要比在该PAT框架体系中所论述的更宽泛,且可能形成其自己的体系。

3. 整体系统方法

当今信息时代创新的快速发展,对那些满足患者和产业需求的有效工具和系统的评价与及时应用,必须从整体系统上进行考虑。许多已取得或即将取得的进展正在带动研发、生产、质量保证与信息/知识管理功能的紧密结合,使这4个方面成为一个有机整体而协调发展。因此,上级管理部门对这些首创精神的支持是保证成功实施的关键。

由于已认识到对PAT的管理需用整体系统方法,因此,药监部门已制定一个新的管理策略。该策略包括PAT团队的联合培训与认证、CMC审评和GMP检查。

4. 实时放行

实时放行是指基于工艺过程数据来评价和保证中间体和(或)成品达到预期质量的能力。实时放行的PAT部分通常是物料属性评估和工艺参数控制的一套有效组合。物料属性可以用直接和(或)间接的过程分析方法来评估。结合过程检测及生产中得到的其他检测数据可作为成品实时放行的基础，并应表明各批均符合规定的质量属性要求。实时放行与终产品放行的分析规程相当。

本指南中所指的实时放行是依据药品终端热压灭菌的参数放行指南而提出的。该参数放行指南自1985年以来在美国实施。在实时放行中，要检测和控制物料属性及工艺参数。

产品投放市场需要申请或发证。所以，在产品执行实时放行前应得到药监部门的批准。工艺理解和控制策略，加上对与产品质量有关的关键属性的线上、线内和近线检测，可提供一种科学的基于风险的方法。用该方法可证明实时质量保证是如何优于(至少应相当)对采集样品的实验室检验。本指南中所指的实时放行策略符合针对产品销售的检验与放行要求(21CFR211.165)。

采用实时质量保证策略，通过对生产过程的持续评估，确保预期产品的质量。各生产批次的全部数据可用于工艺验证。它能反映总体系统设计思想。各批生产情况从根本上支撑着工艺验证。

C. 实施策略

要保证PAT的成功实施，药监部门认为：灵活性、协同性以及与生产商的交流是必不可少的。并相信：现行的管理体系为这些策略的发展提供了广阔的空间。药监部门与企业间建立清晰的、有效的、有目的的交流机制(如以会议或非正式的交流方式)可以更有效地利用法规来支持创新。

PAT框架体系一开始就解释在创新过程中存在诸多不确定的因素并概述用于解决可预见的科学技术问题的大致原则。对于计划和采用创新的生产和质量保证方式的生产商来说，该框架体系能提供帮助。药监部门鼓励这些计划并为其制定管理策略。该管理策略包括：

- 负责CMC审评和GMP检查的PAT团队。

- PAT 审核、检查和从业人员的联合培训与认证。
- 对于 PAT 审核、检查和从业人员的科学技术支持。
- 本指南中推荐的方法。

理论上，在研发阶段就应引进 PAT 原则和工具。此时应用这些原则和工具的优势在于能提供制定相应管理标准合理性的基础。鼓励生产商应用 PAT 框架进行研发和讨论，为自己的产品制定合理的管理标准。为解除那些应用 PAT 体系者对其在批准或检查方面的担忧，本指南提供了一些建议。

在实施 PAT 体系的过程中，生产商可能需要评价 PAT 工具在用于实验和（或）生产的设备及工艺中的适用性。例如，在生产中，对实验性线上或线内过程分析仪进行评价时，建议在安装前开展对产品质量影响的风险分析。这可以在设备自身的质量体系之内完成，而无需事先通知药监部门。PAT 工具采集到的实验性数据将看作是研究数据。如果在生产设备上进行研究，则必须在设备自身的质量体系内展开。

当选用新的检测设备（如线上或线内过程分析仪）时，应考察那些与正在采用的工艺有关的特征数据的变化趋势。生产商要对这些数据作出科学的评价，以确定这些趋势是否对产品质量和 PAT 工具的应用产生影响或是如何影响的。FDA 无意检查那些从现有产品中采集到的研究数据来评价实验性过程分析仪或其他 PAT 工具的适用性。FDA 对一个企业的生产工艺为研究目的而应用 PAT 工具的常规检查将基于现行的法规标准（如来自现行已批准或可接受的法定方法测试）。对 PAT 研究数据检查的任何决定，FDA 将按例外情况 [类似于"执法政策指南"（130.300 部分）所规定的那些例外情况] 进行处理。这些数据若用于支持验证或法规申报时，将按照正常方式进行检查。

V. PAT 管理办法

本指南的目的是为了弥补药监部门常规管理中死板审查的缺陷，使之适应基于 PAT 体系的创新需求：一是要提高建立管理标准的科学水平；二是要促进持续改进；三是在保持或提高产品质量现有水平的同时，改进生产。为此，生产商应与药监部门就相关的科学知识进行交流，并及时解决相关的技术问题，目的是为了促进药监系统各职能部门间在管理评估上科学和协调一致。

本指南为所建议的PAT管理方法提供了广阔的前景。生产商与药监部门PAT审核和检查人员的密切沟通是实施该管理方法的关键。希望生产商与药监部门间的这种沟通能够贯穿于产品的整个生命周期。沟通可以是座谈会、电话会议和书面信函的方式。

在PAT网页上,发布了许多可能需要的信息。网址是:http://www.fda.gov/cder/OPS/PAT.htm。敬请登陆该网页来随时关注重要的信息。也可以直接寄信给FDA的PAT小组。生产企业可以就任何PAT相关问题致信PAT小组。联系方式:PAT@cder.fda.gov。也可以寄信给PAT网页上给出的地址。请在所有的信函上标明PROCESS ANALYTICAL TECHNOLOGY或PAT字样。

所有上市申请、申请的变更或补充,均应按照正常程序向CDER或CVM有关部门提交。在向药监部门咨询时,生产企业可能要讨论的不仅仅是一个特定的PAT计划,还会对可能的管理路径有一些想法。在已有工艺研发中获得的信息以及其他工艺知识,将有助于向药监部门人员表述清楚,并沟通实施计划。

一般来说,PAT的实施计划应是基于风险的。提出以下几个可能的实施计划,如果适合的话,可以采用:

- PAT可在设备自身质量体系中实施。由PAT团队或PAT认证专家对GMP的检查可以在PAT实施前或实施后进行。
- 实施之前可以向药监部门提交补充申请[立即生效的补充申请(CBE),30天生效的补充申请(CBE-30)或批准前的补充申请(PAS)]。如果有必要的话,在执行之前可以由PAT团队或PAT认证专家对其进行一次检查。
- 可以向药监部门提交一份包含PAT研究概要、验证和实施策略以及时间安排的比较性方案。药监部门认可该比较性方案后,可采用上述管理路径中的一个或组合进行实施。

要加快PAT应用或批准,生产商还需PAT团队对PAT相关设备和工艺进行预运行的审查(参见ORA"现场管理指导"第135号)。与FDA的PAT团队的联系方式见上。

值得注意的是:当某些PAT实施计划既不对现有工艺造成影响也无需变

更标准时,生产企业可有多个选择。此时,应和药监部门一起进行评价和讨论,以便做出对其生产情况最适合的选择。

(参考书目和注释未列出)

【英文部分】

Guidance for Industry

PAT — A Framework for Innovative Pharmaceutical Development, Manufacturing, and Quality Assurance

I. INTRODUCTION

This guidance is intended to describe a regulatory framework (Process Analytical Technology, PAT) that will encourage the voluntary development and implementation of innovative pharmaceutical development, manufacturing, and quality assurance. Working with existing regulations, the Agency has developed an innovative approach for helping the pharmaceutical industry address anticipated technical and regulatory issues and questions.

This guidance is written for a broad industry audience in different organizational units and scientific disciplines. To a large extent, the guidance discusses principles with the goal of highlighting opportunities and developing regulatory processes that encourage innovation. In this regard, it is not a typical Agency guidance.

FDA's guidance documents, including this guidance, do not establish legally enforceable responsibilities. Instead, guidances describe the Agency's current thinking on a topic and should be viewed only as recommendations, unless specific regulatory or statutory requirements are cited. The use of the word should in Agency guidances means that something is suggested or recommended, but not required.

II. SCOPE

The scientific, risk-based framework outlined in this guidance, Process Analytical Technology or PAT, is intended to support innovation and efficiency in pharmaceutical development, manufacturing, and quality assurance. The framework is founded on process understanding to facilitate innovation and risk-based regulatory decisions by industry and the Agency. The framework has two components: (1) a set of scientific principles and tools supporting innovation and (2) a strategy for regulatory implementation that will accommodate innovation. The regulatory implementation strategy includes creation of a PAT team approach to chemistry, manufacturing and control (CMC) review and current good manufacturing practice (cGMP) inspections as well as joint training and certification of review and inspection staff. Together with the recommendations in this guidance, our new strategy is intended to alleviate concern among manufacturers that innovation in manufacturing and quality assurance will result in regulatory impasse. The Agency is encouraging manufacturers to use the PAT framework described here to develop and implement effective and efficient innovative approaches in pharmaceutical development, manufacturing and quality assurance.

This guidance addresses new and abbreviated new (human and veterinary) drug application products and specified biologics regulated by CDER and CVM as well as nonapplication drug products. Within this scope, the guidance is applicable to all manufacturers of drug substances, drug products, and specified biologics (including intermediate and drug product components) over the life cycle of the products (references to 21 CFR part 211 are merely examples of related regulation). Within the context of this guidance, the term manufacturers includes human drug, veterinary drug, and specified biologic sponsors and applicants [21 CFR 99.3(f)].

We would like to emphasize that any decision on the part of a manufacturer to work with the Agency to develop and implement PAT is a voluntary one. In addition, developing and implementing an innovative PAT system for a particular product does not mean that a similar system must be developed and implemented for other products.

III. BACKGROUND

Conventional pharmaceutical manufacturing is generally accomplished using batch processing with laboratory testing conducted on collected samples to evaluate quality. This conventional approach has been successful in providing quality pharmaceuticals to the public. However, today significant opportunities exist for improving pharmaceutical development, manufacturing, and quality assurance through innovation in product and process development, process analysis, and process control.

Unfortunately, the pharmaceutical industry generally has been hesitant to introduce innovative systems into the manufacturing sector for a number of reasons. One reason often cited is regulatory uncertainty, which may result from the perception that our existing regulatory system is rigid and unfavorable to the introduction of innovative systems. For example, many manufacturing procedures are treated as being frozen and many process changes are managed through regulatory submissions. In addition, other scientific and technical issues have been raised as possible reasons for this hesitancy. Nonetheless, industry's hesitancy to broadly embrace innovation in pharmaceutical manufacturing is undesirable from a public health perspective. Efficient pharmaceutical manufacturing is a critical part of an effective U.S. health care system. The health of our citizens (and animals in their care) depends on the availability of safe, effective, and affordable medicines.

Pharmaceuticals continue to have an increasingly prominent role in health care. Therefore pharmaceutical manufacturing will need to employ innovation, cutting edge scientific and engineering knowledge, along with the best principles of quality management to respond to the challenges of new discoveries (e.g., novel drugs and nanotechnology) and ways of doing business (e.g., individualized therapy, genetically tailored treatment). Regulatory policies must also rise to the challenge.

In August 2002, recognizing the need to eliminate the hesitancy to innovate, the Food and Drug Administration (FDA) launched a new initiative entitled "Pharmaceutical cGMPs for the 21$_{st}$ Century: a Risk-based Approach." This initiative has several important goals, which ultimately will help improve the American public's access to quality health care services. The goals are intended to ensure that:

- The most up-to-date concepts of risk management and quality systems approaches are incorporated into the manufacture of pharmaceuticals while maintaining product quality.
- Manufacturers are encouraged to use the latest scientific advances in pharmaceutical manufacturing and technology.
- The Agency's submission review and inspection programs operate in a coordinated and synergistic manner.
- Regulations and manufacturing standards are applied consistently by the Agency and the manufacturer.
- Management of the Agency's Risk-based Approach encourages innovation in the pharmaceutical manufacturing sector.
- Agency resources are used effectively and efficiently to address the most significant health risks.

Pharmaceutical manufacturing continues to evolve with increased emphasis on science and engineering principles. Effective use of the most current pharmaceutical science and engineering principles and knowledge — throughout the life cycle of a product — can improve the efficiencies of both the manufacturing and regulatory processes. This FDA initiative is designed to do just that by using an integrated systems approach to regulating pharmaceutical product quality. The approach is based on science and engineering principles for assessing and mitigating risks related to poor product and process quality. In this regard, the desired state of pharmaceutical manufacturing and regulation may be characterized as follows:

● Product quality and performance are ensured through the design of effective and efficient manufacturing processes.

● Product and process specifications are based on a mechanistic understanding of how formulation and process factors affect product performance.

● Continuous real time quality assurance.

● Relevant regulatory policies and procedures are tailored to accommodate the most current level of scientific knowledge.

● Risk-based regulatory approaches recognize:

——the level of scientific understanding of how formulation and manufacturing process factors affect product quality and performance.

——the capability of process control strategies to prevent or mitigate the risk of producing a poor quality product.

This guidance, which is consistent with the Agency's August 2002 initiative, is intended to facilitate progress to this desired state.

This guidance was developed through a collaborative effort involving CDER, the Center for Veterinary Medicine (CVM), and the Office of Regulatory Affairs (ORA). Collaborative activities included public discussions, PAT team building activities, joint training and certification, and research. An integral part of this process was the extensive public discussions at the FDA Science Board, the Advisory Committee for Pharmaceutical Science (ACPS), the PAT-subcommittee of ACPS, and several scientific workshops. Discussions covered a wide range of topics including opportunities for improving pharmaceutical manufacturing, existing barriers to innovation, possible approaches for removing both real and perceived barriers, and many of the principles described in this guidance.

IV. PAT FRAMEWORK

The Agency considers PAT to be a system for designing, analyzing, and controlling manufacturing through timely measurements (i.e., during processing) of critical quality and performance attributes of raw and in-process materials and processes, with the goal of ensuring final product quality. It is important to note that the term analytical in PAT is viewed broadly to include chemical, physical, microbiological, mathematical, and risk analysis conducted in an integrated manner. The goal of PAT is to enhance understanding and control the manufacturing process, which is consistent with our current drug quality system: quality cannot be tested into products; it should be built-in or should be by design. Consequently, the tools and principles described in this guidance should be used for gaining process understanding and can also be used to meet the regulatory requirements for validating and controlling the manufacturing process.

Quality is built into pharmaceutical products through a comprehensive understanding of:

- The intended therapeutic objectives; patient population; route of administration; and pharmacological, toxicological, and pharmacokinetic characteristics of a drug.
- The chemical, physical, and biopharmaceutical characteristics of a drug.
- Design of a product and selection of product components and packaging based on drug attributes listed above.
- The design of manufacturing processes using principles of engineering, material science, and quality assurance to ensure acceptable and reproducible product quality and performance throughout a product's shelf life.

Using this approach of building quality into products, this guidance highlights the necessity for process understanding and opportunities for improving manufacturing efficiencies through innovation and enhanced scientific communication between manufacturers and the Agency. Increased emphasis on building quality into products allows more focus to be placed on relevant multi-factorial relationships among material, manufacturing process, environmental variables, and their effects on quality. This enhanced focus provides a basis for identifying and understanding relationships among various critical formulation and process factors and for developing effective risk mitigation strategies (e.g., product specifications, process controls, training). The data and information to help understand these relationships can be leveraged through preformulation programs, development and scale-up studies, as well as from improved analysis of manufacturing data collected over the lifecycle of a product.

Effective innovation in development, manufacturing and quality assurance would be expected to better answer questions such as the following:

- What are the mechanisms of degradation, drug release, and absorption?
- What are the effects of product components on quality?
- What sources of variability are critical?
- How does the process manage variability?

A desired goal of the PAT framework is to design and develop well-understood processes that will consistently ensure a predefined quality at the end of the manufacturing process. Such procedures would be consistent with the basic tenet of quality by design and could reduce risks to quality and regulatory concerns while improving efficiency. Gains in quality, safety and/or efficiency will vary depending on the process and the product, and are likely to come from:

- Reducing production cycle times by using on-, in-, and/or at-line measurements and controls.
- Preventing rejects, scrap, and re-processing.
- Real time release.
- Increasing automation to improve operator safety and reduce human errors.
- Improving energy and material use and increasing capacity.
- Facilitating continuous processing to improve efficiency and manage variability:

——For example, use of dedicated small-scale equipment (to eliminate certain scale-up issues).

This guidance facilitates innovation in development, manufacturing and quality assurance by focusing on process understanding. These concepts are applicable to all manufacturing situations.

A. Process Understanding

A process is generally considered well understood when (1) all critical sources of variability are identified and explained; (2) variability is managed by the process; and, (3) product quality attributes can be accurately and reliably predicted over the design space established for materials used, process parameters, manufacturing, environmental, and other conditions. The ability to predict reflects a high degree of process understanding. Although retrospective process capability data are indicative of a state of control, these alone may be insufficient to gauge or communicate process understanding.

A focus on process understanding can reduce the burden for validating systems by providing more options for justifying and qualifying systems intended to monitor and control biological, physical, and/or chemical attributes of materials and processes. In the absence of process knowledge, when proposing a new process analyzer, the test-to-test comparison between an on-line process analyzer and a conventional test method on collected samples may be the only available validation option. In some cases, this approach may be too burdensome and may discourage the use of some new technologies.

Transfer of laboratory methods to on-, in-, or at-line methods may not necessarily be PAT. existing regulatory guidance documents and compendial approaches on analytic method validation should be considered.

Structured product and process development on a small scale, using experimental design and on- or in-line process analyzers to collect data in real time, can provide increased insight and understanding for process development, optimization, scale-up, technology transfer, and control. Process understanding then continues in the production phase when other variables (e.g., environmental and supplier changes) may possibly be encountered. Therefore, continuous learning over the life cycle of a product is important.

B. Principles and Tools

Pharmaceutical manufacturing processes often consist of a series of unit operations, each intended to modulate certain properties of the materials being processed. To ensure acceptable and reproducible modulation, consideration should be given to the quality attributes of incoming materials and their process-ability for each unit operation. During the last 3 decades, significant progress has been made in developing analytical methods for chemical attributes (e.g., identity and purity). However, certain physical and mechanical attributes of pharmaceutical ingredients are not necessarily well understood. Consequently, the inherent, undetected variability of raw materials may be manifested in the final product. Establishing effective processes for managing physical attributes of raw and in-process materials requires a fundamental understanding of attributes that are critical to product quality. Such attributes (e.g., particle size and shape variations within a sample) of raw and in-process materials may pose a significant challenge because of their complexities and difficulties related to collecting representative samples. For example, it is well known that powder sampling procedures can be erroneous.

Formulation design strategies exist that provide robust processes that are not adversely affected by minor differences in physical attributes of raw materials. Because these strategies are not generalized and are often based on the experience of a particular formulator, the quality of these formulations can be evaluated only by testing samples of in-process materials and end products. Currently, these tests are performed off line after preparing collected samples for analysis. Different tests, each for a particular quality attribute, are needed because such tests only address one attribute of the active ingredient following sample preparation (e.g., chemical separation to isolate it from other components). During sample preparation, other valuable information pertaining to the formulation matrix is often lost. Several new technologies are now available that can acquire information on multiple attributes with minimal or no sample preparation. These technologies provide an opportunity to assess multiple attributes, often nondestructively.

Currently, most pharmaceutical processes are based on time-defined end points (e.g., blend for 10 minutes). However, in some cases, these time-defined end points do not consider the effects of physical differences in raw materials. Processing difficulties can arise that result in the failure of a product to meet specifications, even if certain raw materials conform to established pharmacopeial specifications, which generally address only chemical identity and purity.

Appropriate use of PAT tools and principles, described below can provide relevant information relating to physical, chemical, and biological attributes. The process understanding gained from this information will enable process control and optimization, address the limitation of the time-defined end points discussed above, and improve efficiency.

1. PAT Tools

There are many tools available that enable process understanding for scientific, risk-managed pharmaceutical development, manufacture, and quality assurance. These tools, when used within a system, can provide effective and efficient means for acquiring information to facilitate process understanding, continuous improvement, and development of risk-mitigation strategies. In the PAT framework, these tools can be categorized according to the following:

- Multivariate tools for design, data acquisition and analysis.
- Process analyzers.
- Process control tools.
- Continuous improvement and knowledge management tools.

An appropriate combination of some, or all, of these tools may be applicable to a single-unit operation, or to an entire manufacturing process and its quality assurance.

a. Multivariate Tools for Design, Data Acquisition and Analysis

From a physical, chemical, or biological perspective, pharmaceutical products and processes are complex multi-factorial systems. There are many development strategies that can be used to identify optimal formulations and processes. The knowledge acquired in these development programs is the foundation for product and process design.

This knowledge base can help to support and justify flexible regulatory paths for innovation in manufacturing and postapproval changes. A knowledge base can be of most benefit when it consists of scientific understanding of the relevant multi-factorial relationships (e.g., between formulation, process, and quality attributes), as well as a means to evaluate the applicability of this knowledge in different scenarios (i.e., generalization). This benefit can be achieved through the use of multivariate mathematical approaches, such as statistical design of experiments, response surface methodologies, process simulation, and pattern recognition tools, in conjunction with knowledge management systems. The applicability and reliability of knowledge in the form of mathematical relationships and models can be assessed by statistical evaluation of model predictions.

Methodological experiments based on statistical principles of orthogonality, reference distribution, and randomization, provide effective means for identifying and studying the effect and interaction of product and process variables. Traditional one-factor-at-a-time experiments do not address interactions among product and process variables.

Experiments conducted during product and process development can serve as building blocks of knowledge that grow to accommodate a higher degree of complexity throughout the life of a product. Information from such structured experiments supports development of a knowledge system for a particular product and its processes. This information, along with information from other development projects, can then become part of an overall institutional knowledge base. As this institutional knowledge base grows in coverage (range of variables and scenarios) and data density, it can be mined to determine useful patterns for future development projects. These experimental databases can also support the development of process simulation models, which can contribute to continuous learning and help to reduce overall development time.

When used appropriately, these tools enable the identification and evaluation of product and process variables that may be critical to product quality and performance. The tools may also identify potential failure modes and mechanisms and quantify their effects on product quality.

b. Process Analyzers

Process analysis has advanced significantly during the past several decades, due to an increasing appreciation for the value of collecting process data. Industrial drivers of productivity, quality, and environmental impact have supported major advancements in this area. Available tools have evolved from those that predominantly take univariate process measurements, such as pH, temperature, and pressure, to those that measure biological, chemical, and physical attributes. Indeed some process analyzers provide nondestructive measurements that contain information related to biological, physical, and chemical attributes of the materials being processed. These measurements can be:

- at-line: Measurement where the sample is removed, isolated from, and analyzed in close proximity to the process stream.
- on-line: Measurement where the sample is diverted from the manufacturing process, and may be returned to the process stream.
- in-line: Measurement where the sample is not removed from the process

stream and can be invasive or noninvasive.

Process analyzers typically generate large volumes of data. Certain data are likely to be relevant for routine quality assurance and regulatory decisions. In a PAT environment, batch records should include scientific and procedural information indicative of high process quality and product conformance. For example, batch records could include a series of charts depicting acceptance ranges, confidence intervals, and distribution plots (inter-and intra-batch) showing measurement results. Ease of secure access to these data is important for real time manufacturing control and quality assurance. Installed information technology systems should accommodate such functions.

Measurements collected from these process analyzers need not be absolute values of the attribute of interest. The ability to measure relative differences in materials before (e.g., within a lot, lot-to-lot, different suppliers) and during processing will provide useful information for process control. A flexible process may be designed to manage variability of the materials being processed. Such an approach can be established and justified when differences in quality attributes and other process information are used to control (e.g., feed-forward and/or feedback) the process.

Advances in process analyzers make real time control and quality assurance during manufacturing feasible. However, multivariate methodologies are often necessary to extract critical process knowledge for real time control and quality assurance.

Comprehensive statistical and risk analyses of the process are generally necessary to assess the reliability of predictive mathematical relationships. Based on the estimated risk, a simple correlation function may need further support or justification, such as a mechanistic explanation of causal links among the process, material measurements, and target quality specifications. For certain applications, sensor-based measurements can provide a useful process signature that may be related to the underlying process steps or transformations. Based on the level of process understanding, these signatures may also be useful for process monitoring, control, and end point determination when these patterns or signatures relate to product and process quality.

Design and construction of the process equipment, the analyzer, and their interfaces are critical to ensure that collected data are relevant and representative of process and product attributes. Robust design, reliability, and ease of operation are important considerations. Installation of process analyzers on existing process equipment in production should be done after risk analysis to ensure this installation does not adversely affect process or product quality.

A review of current standard practices (e.g., ASTM International) for process analyzers can provide useful information and facilitate discussions with the Agency. A few examples of such standards are listed in the bibliography section. Additionally, standards forthcoming from the ASTM Technical Committee E55 may provide complimentary information for implementing the PAT framework. We recommend that manufacturers developing a PAT process consider a scientific, risk-based approach relevant to the intended use of an analyzer for a specific process and its utility for understanding and controlling the process.

c. Process Control Tools

It is important to emphasize that a strong link between product design and process development is essential to ensure effective control of all critical quality attributes.

Process monitoring and control strategies are intended to monitor the state of a process and actively manipulate it to maintain a desired state. Strategies should accommodate the attributes of input materials, the ability and reliability of process analyzers to measure critical attributes, and the achievement of process end points to ensure consistent quality of the output materials and the final product.

Design and optimization of drug formulations and manufacturing processes within the PAT framework can include the following steps (the sequence of steps can vary):

- Identify and measure critical material and process attributes relating to product quality.
- Design a process system to allow real time or near real time (e.g., on-, in-, or at-line) monitoring of all critical attributes.
- Design process controls that provide adjustments to ensure control of all critical attributes.
- Develop mathematical relationships between product quality attributes and measurements of critical material and process attributes.

Within the PAT framework, a process end point is not a fixed time; rather it is the achievement of the desired material attribute. This, however, does not mean that process time is not considered. A range of acceptable process times (process window) is likely to be achieved during the manufacturing phase and should be evaluated, and considerations for addressing significant deviations from acceptable process times should be developed.

Where PAT spans the entire manufacturing process, the fraction of in-process materials and final product evaluated during production could be substantially greater than what is currently achieved using laboratory testing. Thus, an opportunity to use more rigorous statistical principles for a quality decision is provided. Rigorous statistical principles should be used for defining acceptance criteria for end point attributes that consider measurement and sampling strategies. Multivariate Statistical Process Control can be feasible and valuable to realizing the full benefit of real time measurements. Quality decisions should be based on process understanding and the prediction and control of relevant process/product attributes. This is one way to be consistent with relevant cGMP requirements, as such control procedures that validate the performance of the manufacturing process [21 CFR 211.110(a)].

Systems that promote greater product and process understanding can provide a high assurance of quality on every batch and provide alternative, effective mechanisms to demonstrate validation [per 21 CFR 211.100(a), i.e., production and process controls are designed to ensure quality]. In a PAT framework, validation can be demonstrated through continuous quality assurance where a process is continually monitored, evaluated, and adjusted using validated in-process measurements, tests, controls, and process end points.

Risk-based approaches are suggested for validating PAT software systems. The recommendations provided by other FDA guidances, such as General Principles of Software Validation should be considered. Other useful information can be obtained from consensus standards, such as ASTM.

d. Continuous Improvement and Knowledge Management

Continuous learning through data collection and analysis over the life cycle of a product is important. These data can contribute to justifying proposals for postapproval changes. Approaches and information technology systems that support knowledge acquisition from such databases are valuable for the manufacturers and can also facilitate scientific communication with the Agency.

Opportunities need to be identified to improve the usefulness of available relevant product and process knowledge during regulatory decision making. A knowledge base can be of most benefit when it consists of scientific understanding of the relevant multi-factorial relationships (e.g., between formulation, process, and quality attributes) as well as a means to evaluate the applicability of this knowledge in different scenarios (i.e., generalization). Today's information technology infrastructure makes the development and maintenance of this knowledge base practical.

2. Risk-Based Approach

Within an established quality system and for a particular manufacturing process, one would expect an inverse relationship between the level of process understanding and the risk of producing a poor quality product. For processes that are well understood, opportunities exist to develop less restrictive regulatory approaches to manage change (e.g., no need for a regulatory submission). Thus, a focus on process understanding can facilitate risk-based regulatory decisions and innovation. Note that risk analysis and management is broader than what is discussed within the PAT framework and may form a system of its own.

3. Integrated Systems Approach

The fast pace of innovation in today's information age necessitates integrated systems thinking for evaluating and timely application of efficient tools and systems that satisfy the needs of patients and the industry. Many of the advances that have occurred, and are anticipated to occur, are bringing the development, manufacturing, quality assurance, and information/knowledge management functions so closely together that these four areas should be coordinated in an integrated manner. Therefore, upper management support for these initiatives is critical for successful implementation.

The Agency recognizes the importance of having an integrated systems approach to the regulation of PAT. Therefore, the Agency developed a new regulatory strategy that includes a PAT team approach to joint training, certification, CMC review, and cGMP inspections.

4. Real Time Release

Real time release is the ability to evaluate and ensure the acceptable quality of in-process and/or final product based on process data. Typically, the PAT component of real time release includes a valid combination of assessed material attributes and process controls. Material attributes can be assessed using direct and/or indirect process analytical methods. The combined process measurements and other test data gathered during the manufacturing process can serve as the basis for real time release of the final product and would demonstrate that each batch conforms to established regulatory quality attributes. We consider real time release to be comparable to alternative analytical procedures for final product release.

Real time release as defined in this guidance builds on parametric release for heat terminally sterilized drug products, a practice in the United States since 1985. In real time release, material attributes as well as process parameters are measured and controlled.

The Agency's approval should be obtained prior to implementing real time release for products that are the subject of market applications or licenses. Process understanding, control strategies, plus on-, in-, or at-line measurement of critical attributes that relate to product quality provides a scientific risk-based approach to justify how real time quality assurance is at least equivalent to, or better than, laboratory-based testing on collected samples. Real time release as defined in this guidance meets the requirements of testing and release for distribution (21 CFR 211.165).

With real time quality assurance, the desired quality attributes are ensured through continuous assessment during manufacture. Data from production batches can serve to validate the process and reflect the total system design concept, essentially supporting validation with each manufacturing batch.

C. Strategy for Implementation

The Agency understands that to enable successful implementation of PAT, flexibility, coordination, and communication with manufacturers is critical. The Agency believes that current regulations are sufficiently broad to accommodate these strategies. Regulations can effectively support innovation when clear, effective, and meaningful communication exists between the Agency and industry, for example, in the form of meetings or informal communications.

The first component of the PAT framework described above addresses many of the uncertainties with respect to innovation and outlines broad principles for addressing anticipated scientific and technical issues. This framework should assist a manufacturer in proposing and adopting innovative manufacturing and quality assurance. The Agency encourages such proposals and has developed a regulatory strategy to consider such proposals. The Agency's regulatory strategy includes the following:

- A PAT team approach for CMC review and cGMP inspections.
- Joint training and certification of PAT review, inspection and compliance staff.
- Scientific and technical support for the PAT review, inspection and compliance staff.
- The recommendations provided in this guidance.

Ideally, PAT principles and tools should be introduced during the development phase. The advantage of using these principles and tools during development is to create opportunities to improve the mechanistic basis for establishing regulatory specifications. Manufacturers are encouraged to use the PAT framework to develop and discuss approaches for establishing mechanistic-based regulatory specifications for their products. The recommendations provided in this guidance are intended to alleviate concerns with approval or inspection when adopting the PAT framework.

In the course of implementing the PAT framework, manufacturers may want to evaluate the suitability of a PAT tool on experimental and/or production equipment and processes. For example, when evaluating experimental on- or in-line process analyzers during production, it is recommended that risk analysis of the impact on product quality be conducted before installation. This can be accomplished within the facility's quality system without prior notification to the Agency. Data collected using an experimental tool should be considered research data. If research is conducted in a production facility, it should be under the facility's own quality system.

When using new measurement tools, such as on- or in-line process analyzers, certain data trends, intrinsic to a currently acceptable process, may be observed. Manufacturers should scientifically evaluate these data to determine how or if such trends affect quality and implementation of PAT tools. FDA does not intend to inspect research data collected on an existing product for the purpose of evaluating the suitability of an experimental process analyzer or other PAT tool. FDA's routine inspection of a firm's manufacturing process that incorporates a PAT tool for research purposes will be based on current regulatory standards (e.g., test results from currently approved or acceptable regulatory methods). Any FDA decision to inspect research data would be based on exceptional situations similar to those outlined in Compliance Policy Guide sec. 130.300. Those data used to support validation or regulatory submissions will be subject to inspection in the usual manner.

V. PAT REGULATORY APPROACH

One goal of this guidance is to tailor the Agency's usual regulatory scrutiny to meet the needs of PAT-based innovations that (1) improve the scientific basis for establishing regulatory specifications, (2) promote continuous improvement, and (3) improve manufacturing while maintaining or improving the current level of product quality. To be able to do this, manufacturers should communicate relevant scientific knowledge to the Agency and resolve related technical issues in a timely manner. Our goal is to facilitate a consistent scientific regulatory assessment involving multiple Agency offices with varied responsibilities.

This guidance provides a broad perspective on our proposed PAT regulatory approach. Close communication between the manufacturer and the Agency's PAT review and inspection staff will be a key component in this approach. We anticipate that communication between manufacturers and the Agency may continue over the life cycle of a product and that communication will be in the form of meetings, telephone conferences, and written correspondence.

We have posted much of the information you will need on our PAT web page located at *http://www.fda.gov/cder/OPS/PAT.htm*. Please refer to the web page to keep abreast of important information. We recommend general correspondence related to PAT be directed to the FDA PAT team. Manufacturers can contact the PAT team regarding any PAT questions at: *PAT@cder.fda.gov*. Address any written correspondence to the address provided on the PAT web page. All written correspondence should be identified clearly as PROCESS ANALYTICAL TECHNOLOGY or PAT.

All marketing applications, amendments, or supplements to an application should be submitted to the appropriate CDER or CVM division in the usual manner. When consulting with the Agency, manufacturers may want to discuss not only specific PAT plans, but also thoughts on a possible regulatory path. Information generated from research on an existing process, along with other process knowledge, can be used to formulate and communicate implementation plans to Agency staff.

In general, PAT implementation plans should be risk-based. We are proposing the following possible implementation plans, where appropriate:

- PAT can be implemented under the facility's own quality system. cGMP inspections by the PAT team or PAT certified investigator can precede or follow PAT implementation.

- A supplement (CBE, CBE-30 or PAS) can be submitted to the Agency prior to implementation, and, if necessary, an inspection can be performed by a PAT team or PAT certified investigator before implementation.

- A comparability protocol can be submitted to the Agency outlining PAT research, validation and implementation strategies, and time lines. Following approval of this comparability protocol by the Agency, one or a combination of the above regulatory pathways can be adopted for implementation.

To facilitate adoption or approval of a PAT process, manufacturers may request a preoperational review of a PAT manufacturing facility and process by the PAT team (see ORA Field Management Directive No.135) by contacting the FDA Process Analytical Technology team at the address given above.

It should be noted that when certain PAT implementation plans neither affect the current process nor require a change in specifications, several options can be considered. Manufacturers should evaluate and discuss with the Agency the most appropriate option for their situation.

附录1.11　ICH Q9——药品质量风险管理[2]（节选）

【中文部分】

4.3 风险评估

风险评估包括危害的识别和由这些危害所导致的相关风险的分析和评价。质量风险评估始于一个明确的问题描述或风险疑问。当明确定义了问题中的风险后，就更容易确定合适的风险管理工具和描述风险疑问所需要的信息类型。在风险评估过程中，为了更加明确地定义风险，以下3个基本问题非常有用：

- 什么可能出错？
- 出错的可能性(概率)有多大？
- 后果(严重度)是什么？

风险识别是指系统应用信息以确认那些与风险疑问或问题描述有关的危害。这些信息包括历史数据、理论分析、意见建议和利益相关者的考虑。风险识别回答了"什么可能出错"这个问题，包括识别可能的后果。它为质量风险管理程序的后续步骤奠定了基础。

风险分析是对那些与已确认危害有关的风险进行估量。它是一个与危害发生可能性和严重度相关的定性或定量过程。在一些风险管理工具中，检测到危害的能力(可检测性)也是风险分析的一个因素。

风险评价是将已识别并分析过的风险与特定的风险标准相比较。风险评价将对上述3个基本问题进行度量。

在进行有效的风险评估时,数据集的稳健是很重要的,因为它决定输出的质量。合理的假设和承认合理的误差能提高所得结论的可靠性或帮助识别其局限性。不确定性是由于对工艺及其预期或非预期变异性未能全面理解而综合造成的。典型的不确定性来源包括制药科学和工艺理解中的知识缺陷、危害源(如工艺失效模式、变异来源)和检测到问题的概率等。

风险评估的输出是对风险进行定量,或对风险范围的定性描述。当对风险进行定量时,可以用数值来表示其发生的概率。也可以对风险进行定性描述,如"高""中"或"低",但对其含义应尽可能予以详细说明。有时,在风险排序中会使用"风险得分"来进一步描述。在定量风险评估时,在假定的风险环境下,风险估量可以给出某一特定后果发生的可能性。因此,定量风险评估对于估量某时间的某特定后果是非常有用的。另外,有些风险评估工具会使用相对风险测量方法对风险的严重度和发生概率进行多水平综合评估,以对其相对风险进行全面估量。计分过程的中间步骤有时会使用定量风险评估。

4.4 风险控制

风险控制包括所做的那些降低和(或)接受风险的决定。风险控制的目的在于将风险降低至一个可接受的水平。风险控制的力度应与风险的重要性成正比。决策者可能会采用不同的方法来寻求风险控制的最佳水平,包括利益—成本分析。

风险控制可能聚焦在以下问题:
- 风险是否在可接受水平之上?
- 可以采用哪些措施来降低或消除风险?
- 在利益、风险和资源之间应实现何种适当的平衡?
- 已识别的风险得到控制后是否会导致新风险的出现?

风险降低主要是指质量风险超过特定可接受水平时,减轻和避免质量风险的过程。风险降低可能包括为降低危害的严重度和发生的概率所采取的措施。改善质量风险和危害的检测能力过程也是风险控制策略的一部分。在实施风险降低措施时,系统中可能会出现新的风险,或者其他已有风险变得更为明显。因此,在实施风险降低过程之后,应再次进行适当的风险评估,以识别和评价任何可能的风险变化。

风险接受是指接受风险的决定。风险接受可以是一个接受剩余风险的正式决定,也可以是被动接受一个未确定的剩余风险的决定。对于某些种类的危害来说,即使最好的质量风险管理活动也不能完全消除风险。在这种情况下,可以认为已经实施最佳质量风险管理策略,且质量风险已降低至一个特定的可接受水平。这个特定的可接受水平取决于许多参数,视具体情况而定。

【英文部分】

4.3 Risk Assessment

Risk assessment consists of the identification of hazards and the analysis and evaluation of risks associated with exposure to those hazards. Quality risk assessments begin with a well-defined problem description or risk question. When the risk in question is well defined, an appropriate risk management tool and the types of information needed to address the risk question will be more readily identifiable. As an aid to clearly define the risk(s) for risk assessment purposes, three fundamental questions are often helpful:

- What might go wrong?
- What is the likelihood (probability) it will go wrong?
- What are the consequences (severity)?

Risk identification is a systematic use of information to identify hazards referring to the risk question or problem description. Information can include historical data, theoretical analysis, informed opinions, and the concerns of stakeholders. Risk identification addresses the "What might go wrong?" question, including identifying the possible consequences. This provides the basis for further steps in the quality risk management process.

Risk analysis is the estimation of the risk associated with the identified hazards. It is the qualitative or quantitative process of linking the likelihood of occurrence and severity of harms. In some risk management tools, the ability to detect the harm (detectability) also factors in the estimation of risk.

Risk evaluation compares the identified and analyzed risk against given risk criteria. Risk evaluations consider the strength of evidence for all three of the fundamental questions.

In doing an effective risk assessment, the robustness of the data set is important because it determines the quality of the output. Revealing assumptions and reasonable sources of uncertainty will enhance confidence in this output and/or help identify its limitation. Uncertainty is due to combination of incomplete knowledge about a process and its expected or unexpected variability. Typical sources of uncertainty include gaps in knowledge in pharmaceutical science and process understanding, sources of harm (e.g., failure modes of a process, sources of variability), and probability of detection of problems.

The output of a risk assessment is either a quantitative estimation of risk or a qualitative description of a range of risk. When risk is expressed quantitatively, a numerical probability is used. Alternatively, risk can be expressed using qualitative description, such as "high", "medium", or "low", which should be defined in as much detail as possible. Sometimes a "risk score" is used to further define description in risk ranking. In quantitative risk assessments, a risk estimation provides the likelihood of a specific consequence, given a set of risk-generating circumstances. Thus, quantitative risk estimation is useful for one particular consequence at a time. Alternatively, some risk management tools use a relative risk measure to combine multiple levels of severity and probability into an overall estimation of relative risk. The intermediate steps within a scoring process can sometimes employ quantitative risk estimation.

4.4 Risk Control

Risk control includes decision making to reduce and/or accept risks. The purpose of risk control is to reduce the risk to an acceptable level. The amount of effort used for risk control should be proportional to the significance of the risk. Decision makers might use different processes, including benefit-cost analysis, for understanding the optimal level of risk control.

Risk control might focus on the following questions:
- Is the risk above an acceptable level?
- What can be done to reduce or eliminate risks?
- What is the appropriate balance among benefits, risks and resources?
- Are new risks introduced as a result of the identified risks being controlled?

Risk reduction focuses on processes for mitigation or avoidance of quality risk when it exceeds a specified acceptable level. Risk reduction might include actions taken to mitigate the severity and probability of harm. Processes that improve the detectability of hazards and quality risks might also be used as part of a risk control strategy. The implementation of risk reduction measures can introduce new risks into the system or increase the significance of other existing risks. Hence, it might be appropriate to revisit the risk assessment to identify and evaluate any possible change in risk after implementing a risk reduction process.

Risk acceptance is a decision to accept risk. Risk acceptance can be a formal decision to accept the residual risk or it can be a passive decision in which residual risks are not specified. For some types of harms, even the best quality risk management practices might not entirely eliminate risk. In these circumstances, it might be agreed that an appropriate quality risk management strategy has been applied and that quality risk is reduced to a specified acceptable level. This specified acceptable level will depend on many parameters and should be decided on a case-by-case basis.

附录2　缩略语表

英文简称	英文全称	中文全称
ANDA	abbreviated new drug application	简略新药（仿制药）申请
ANOVA	analysis of variance	方差分析
ATP	analytic target profile	分析目标概况
AUC	area under the curve	曲线下面积
BCS	biopharmaceutics classification system	生物药剂学分类系统
BP	British Pharmacopeia	英国药典
CAPA	corrective action and preventative action	纠正和预防措施
CDE	Center for Drug Evaluation	（中国国家食品药品监督管理总局国家）药品审评中心
CFDA	China Food and Drug Administration	中国（国家）食品药品监督管理总局
CMA	critical material attribute	关键物料属性
C_{max}	concentration maximum	（药物血浆）峰浓度
CPP	critical process parameter	关键工艺参数
CQA	critical quality attribute	（产品）关键质量属性
CTD	common technical document	通用技术文件
DoE	design of experiments	实验设计
EMA	European Medicines Agency	欧盟药品管理局
EP	European pharmacopeia	欧洲药典
FaSSGF	fasted state simulated gastric fluid	模拟快速状态（溶出或吸收的人工）胃液（生物相关性介质）
FaSSIF	fasted state simulated intestinal fluid	模拟快速状态（溶出或吸收的人工）肠液（生物相关性介质）
FDA	Food and Drug Administration	（美国）食品药品管理局
ffc	flow function coefficient	流动函数系数
FMEA	failure mode effects analysis	失效模式影响分析
GMP	Good Manufacturing Practice	药品生产管理规范

续表

英文简称	英文全称	中文全称
GPhA	The Generic Pharmaceutical Association	（美国）仿制药协会
HACCP	hazard analysis and critical control points	危害分析关键控制点
HDPE	high density polyethylene	高密度聚乙烯
HPLC	high performance liquid chromatography	高效液相色谱
ICH	International Conference on Harmonization	（人用药品注册技术要求）国际协调会
ISPE	International Society for Pharmaceutical Engineering	国际制药工程协会
IVIVC	in vivo and in vitro correlation	体内体外相关性
IVIVR	in vivo and in vitro relationship	体内体外相互关系
MCC	microcrystalline cellulose	微晶纤维素
NIR	near-infrared	近红外（光谱法）
OOS	out of specification	超标
OOT	out of trend	超趋势
PAT	process analytical technology	过程分析技术
PDA	Parenteral Drug Association	（美国）注射剂协会
PK/PD	pharmacokinetic/pharmacodynamic	药动学/药效学
PQLI	product quality lifecycle implementation	产品质量生命周期实施
QA	quality assurance	质量保证
QbD	quality by design	质量源于设计
QbP	quality by production	质量源于生产
QbR	question-based review	基于问题的审评
QbT	quality by testing	质量源于检验
QTPP	quality target product profile	目标产品质量概况
RPN	risk priority number	风险优先数
RSD	relative standard deviation	相对标准差
SLS	sodium lauryl sulfate	十二烷基硫酸钠
SOP	standard operation procedure	标准操作规程
t_{max}	time for achieving maximum plasma concentration	达峰时间

续表

英文简称	英文全称	中文全称
TSE/BSE	transmissible/bovine Spongiform Encephalopathies	传染性海绵状脑病（疯牛病）
USP	United States Pharmacopeia	美国药典
USP/NF	USP/National Formulary	美国药典/国家处方集

后 记

　　国际上，药品质量控制模式，由于美国 FDA 和 ICH 的大力推动和引导，早在 10 年前就已从单纯的检验模式和生产与检验相结合的模式进入到了崭新的基于 QbD 的设计模式。现在在国外，尤其是在 ICH 成员国，QbD 模式已经成形。它是一种系统化、结构化、基于科学和风险的药品研发方法，是一种对产品、工艺和分析方法生命周期进行科学而又有效管理的重要工具。为了推动我国药品质量控制模式早日迈进设计（QbD）时代，本书通过大量实例详细叙述了 QbD 方法在药品研发中的具体应用，主要涉及工艺设计和分析方法验证，并重点引入风险评估、DoE、模型与模拟、PAT、先前知识与知识管理、文件、技术转移、质量体系等 QbD 工具。本书还以中英文对照方式，将 QbD 系列指导原则 ICH Q8~Q11 以及美国 FDA 发布的 QbD 相关指南或实例（摘要）部分或全部登出，以充分呈现 QbD 的丰富内涵与精髓。

　　经过近几年的学习和培训，国内 QbD 理念已基本建立，接下来怎么办？在本书完稿的时候，笔者不得不陷入深深的思考。笔者以为，要在国内采用 QbD 方法进行药品研发，可以如美国 FDA 那样，仿制药先行。这就需要研发人员的研发思路一开始就要遵循 ICH Q8~Q11 指导原则，组成由化学、制剂、分析、制药工程、生产、设备、QA 和数理统计等人员参加的仿制药团队集体攻关；审评审批管理部门也要抓紧制定、发展、完善我国有关仿制药研发的法规规范，逐步考虑 QbD 方法在仿制药注册申报过程中的体现方式和要求。期待着我国药品研发以 CTD 格式提交作为一个良好的开端，遵循科学和风险为基础的研发思想，逐步采纳 ICH Q8~Q11 指导原则，更多注入

QbD元素，早日使QbD在我国真正变成具体行动。

在本书交付印刷之际，欣闻《中华人民共和国药品管理法》和《药品注册管理办法》进行修订，并强化药物研究技术指导原则体系建设。同时，获悉ICH发布Q12指导原则——Technical and Regulatory Considerations for Pharmaceutical Product Lifecycle（药品生命周期技术和法规考虑），侧重对批准后生命周期管理进行规范。可以相信，CFDA（CDE）或将全面推行CTD申报格式，之后或将是审评审批流程的重大改变。下一个药品监管时代即将来临，药品研发与注册将不断走向与国际接轨，不断朝向理性规范的方向迈进，药品研发真正的春天已经到来。这对我国整个制药行业和每一位研发人来说可谓是机遇与挑战并存！要早做准备，做足准备，就从QbD开始！而现在读者从阅读本书中获得的最直接和最现时的益处就是：在具体的研发活动中更多地引入QbD元素和工具，并尽可能多地采用QbD专业术语和图表表达方式等来撰写CTD格式申报资料。为适应国际质控理念由药品标准检验控制，到GMP工艺控制，再到研发设计控制的跨越，让我们从今天做起，从自身做起，从点滴做起，一起行动起来吧！期望通过本书的出版，能够切实推动QbD在我国药品研发领域中的创新性应用，促进研发质量的全面提升，以造福我国广大民众！

最近笔者作为演讲嘉宾，在出席2014年全球医药大会"QbD与制剂研发"峰会期间获悉，我国学者正在与美国FDA合作，采用QbD理念开展植物药制剂研究，感到十分欣慰。医药学研究早已证明，对于多因素、渐进性疾病，最好的药物当属多靶点、多层次、多途径发挥作用的药物，这些药物又必须同时具备疗效确切、安全和质量规范可控原则。对植物药制剂中的许多关键性技术问题，采用QbD方法进行深入研究，并最终做出科学、客观和公正的评价，笔者以为是十分有益的探索。本书虽未涉及植物药和中药制剂的QbD内容，但上述举措值得充分肯定和积极鼓励！

为了使药学专业的学生能更好更快地与制药工业界实现无缝对接，笔者在此特向有关院校及其教育主管部门提出如下倡议：第一，在药剂学、药物化学、药物分析和药事管理等教程中更多融入QbD元素与工具。第二，在统计学等教程中更多引入 DoE 内容，尤其是市售软件的应用。第三，在研究生课题及各级各类科研课题中更多选择 QbD 和 DoE。第四，以本书作为参考，从基本概念到大量实例，学以致用，融会贯通。

本书虽说是我国第一本全面系统论述 QbD 在药品研发中具体应用的工具书，但由于 QbD 目前还处于不断探索并逐渐完善阶段，可用来参阅的文献法规均有较大的时限性，所以，本书的某些内容仅能粗略反映编写时的 QbD 现状，旨在为我国药品研发人员提供思路，为 QbD 的系统培训提供一本基础教材。敬请读者在实际工作中密切关注 QbD 研究动态与进展，尤其是要特别关注美国 FDA 发布的最新版 QbR 问题、美国 FDA 和 GPhA 网站上公开的 QbD 系列培训课程以及 ISPE 网站上不断更新的 PQLI 系列辅导材料等，依据现时的相关法规和技术要求进行药品研发。

谨以本书纪念笔者作为国家"863"重大专项负责人被授予"东方硅谷"（泛"530"计划）高层次科技创新领军人才。

谨以本书纪念笔者已经逝去的青春岁月，纪念笔者为药品研发事业不懈奋斗的三十多个春秋！光阴似箭，岁月如梭，活着活着就老了，唯有用文字打败时间！

谨以本书向胥彬等老一辈科学家致以最诚挚的谢意，并致以最崇高的敬礼！是他们对事业的严谨、执着与热情指引我进入科学的殿堂，也必将继续激励我生命不息，战斗不止！

读者对本书的任何建议均可直接联系笔者：wangxwang@sina.com，笔者深表谢意！

编　者

2014 年 10 月于上海 · 银马苑